2018

"Nos idées doivent être aussi vastes que la nature pour pouvoir en rendre compte."
                                                              A.C.Doyle

« Without deviation from the norm Progress is not possible »

                                                              F. Zappa

1	INTRODUCTION	2
2	CADRES EPISTEMIQUES	8
	2.1 L'EVOLUTIONNISME ET LA CONNAISSANCE SCIENTIFIQUE	8
	2.2 L'EVOLUTION DISCIPLINAIRE	21
	2.3 LE PROJET DE SCIENCE	26
	2.4 STRUCTURE, SYSTEME, FONCTION	33
3	L'ADAPTATION ET LE PARADIGME ADAPTATIONNISTE	55
	3.1 DEFINITIONS	55
	3.2 DIFFERENTS NIVEAUX D'ADAPTATION	61
	3.3 L'ADAPTATION ENTRE CONSTANCE ET CHANGEMENT	64
	3.3.1 Les modèles de la constance	64
	3.3.2 Modèles du changement	71
4	ÉMERGENCE D'UN PARADIGME	73
	4.1 LE DETERMINISME ENVIRONNEMENTAL	73
	4.2 ORDRE ET DESORDRE	88
	4.3 A LA RECHERCHE DE L'EQUILIBRE: LA QUESTION DES NICHES D'ELTON	95
	4.4 FINALITE	98
5	STRUCTURE D'UN PARADIGME	110
	5.1 ADAPTATION BIOLOGIQUE DANS L'HISTOIRE	110
	5.2 UNE ADAPTATION, DES ADAPTATIONS	122
	5.3 LE ROLE DE LA MORPHOLOGIE	133
	5.4 LE DISCOURS ADAPTATIONNISTE/SELECTIONNISTE	138
	5.5 ADAPTATION ET SELECTION NATURELLE	145
6	SCENARIOS ADAPTATIFS CHEZ L'HOMME	154
	6.1 L'ADAPTATION HUMAINE?	154
	6.2 LE PROBLEME BIPEDE	157
	6.3 LA COULEUR DE PEAU	188
7	CRITIQUES EPISTEMOLOGIQUES DU PARADIGME	196
	7.1 CRITIQUE DE LA PENSEE ESSENTIALISTE	196
	7.2 PRUDENCE VIS A VIS DES CATEGORIES	204
	7.3 FONDATION DE L'HOMME, HOMINISATION	210
	7.4 CRITIQUE DES STRATEGIES DE RUPTURE	213
	7.5 LA FAUTE DE DESCARTES?	217
	7.6 LA CAUSALITE ET LE ROLE DE L'HISTOIRE: LE PROBLEME DU RAISONNEMENT A POSTERIORI. 220	

1   Introduction

Traiter de l'évolution des escargots ne comporte guère de risques. Les escargots ne semblent pas se soucier de la manière dont les hommes envisagent l'histoire de leurs lignées, ils ne prennent aucune part dans le débat. Traiter de l'évolution humaine en revanche comporte un risque certain. Cela restera l'un des sujets les plus épineux qui soit. Les fossiles sont trop rares, les chercheurs trop nombreux. Et les hommes sont également très susceptibles, contrairement aux escargots. L'évolution humaine est d'ailleurs bien souvent traitée à part de l'évolution des autres groupes zoologiques. L'histoire institutionnelle de la recherche a très tôt isolé le sujet anthropologique, et ce largement pour des raisons historiques de philosophie. La distinction de l'âme et du corps a conduit à envisager l'homme comme un être à part. Anthropologie et Sciences Naturelles se sont développées parallèlement. Aujourd'hui encore, bon nombre d'anthropologues ne sont pas issus de la tradition naturaliste de la recherche. En France en particulier, l'on continue de dissocier sciences humaines et sciences naturalistes selon un principe d'opposition entre culture et nature. Le problème des origines de l'homme est rendu complexe par le fait qu'il se situe à l'interface de ces deux mondes. Il est imprégné de préconceptions, de philosophies diverses voire opposées.

L'approche qui est la nôtre dans ce travail est celle d'une remise en place des cadres épistémiques qui ont conduit aux théories actuelles de l'évolution humaine. Pour cela il est nécessaire de voir quels rapports épistémologiques existent entre l'évolution humaine et l'évolution tout court.

Certains concepts clefs pour la compréhension du présent travail nécessitent d'être précisés. Les acceptions sont parfois diverses et opposées dans la littérature et il importe d'emblée de limiter tant que faire se peut les erreurs de compréhension.

Les premiers de ces concepts seront ceux d'évolution et d'évolutionnisme. Nous basons clairement ce travail sur le concept d'évolution biologique issu des travaux de Darwin. Il peut sembler bien inutile de rappeler cela, pourtant l'histoire du concept démontre que sous le vocable s'est effectué un changement majeur. L'idée d'évolution se met en place dans le courant du XIXe siècle par analogie avec celle du développement des individus. Spencer a expliqué avoir été inspiré des travaux de von Baer, selon lesquels les organismes passaient de l'homogène à l'hétérogène au cours de leur développement. Parce qu'il voit dans le progrès le même phénomène de complexification, il va étendre sa conception à d'autres domaines comme l'esprit, la société, l'éducation. L'évolution selon Spencer devient cette loi générale selon laquelle on passe du simple au complexe, selon le mode progressiste. Spencer intégrera ensuite les idées développées parallèlement par les naturalistes comme Darwin et Wallace et y verra la confirmation de ses propres vues[1]. Darwin quant à lui s'est refusé à employer ce terme trop connoté pour lui dans sa première édition de l'Origine

---

[1]Spencer (ed.1907) Autobiographie. Naissance de l'évolutionnisme libéral. Edition électronique de Diane Brunet, 323p.

des Espèces, puis a finalement accepté de le faire pour les éditions suivantes étant donné le poids qu'avait pris le vocable dans la culture, sous la pression en quelque sorte[2]. Il lui préfère systématiquement l'expression de «descendance avec modification»[3]. Un nouvel évolutionnisme est alors apparu mais dont les modalités étaient totalement contraires au précédent. Nous allons montrer dans ce travail que le fait d'avoir conservé le vocable n'a pas permis de balayer complètement les conceptions erronées antérieures. Notre travail n'est en rien une critique de l'évolutionnisme darwinien au sens où l'évolution biologique serait la cible des attaques. Il n'est pas non plus inutile de le préciser étant donné les récentes attaques que subit toujours la théorie de l'évolution de la part des milieux créationnistes[4]. Nous nous inscrivons totalement dans la théorie de l'évolution, mais souhaitons y apporter quelques critiques constructives. L'évolutionnisme est souvent défini par ceux qui pratiquent les disciplines de recherche sur l'évolution biologique, dans la tradition darwinienne. C'est également la nôtre. En revanche l'évolutionnisme et notamment sa version anthropologique spencérienne, lui est historiquement antérieure. Mais cet évolutionnisme-là est pour nous une version particulière d'une philosophie de l'histoire finaliste, déterministe, d'influence hégélienne contre laquelle nous nous inscrivons. L'évolutionnisme de Darwin est une modification totale de l'évolutionnisme régnant à l'époque, parce que Darwin introduit le hasard et la contingence: «L'évolutionnisme

---

[2] Gould (ed. 2006) La structure de la théorie de l'évolution. NRF Essais, Gallimard, note p. 282.
[3] Drouin (1992) Introduction à l'Origine des Espèces. GF-Flammarion, p.8.
[4] http://www.lemonde.fr/planete/article/2008/11/17/education-le-creationnisme-etend-son-influence-en-europe_1119517_3244.html

darwinien s'écarte de l'historicisme sociologique par un aspect essentiel, puisqu'en admettant l'intervention du hasard dans l'histoire de la nature il parvient, au moins en droit, à évacuer des sciences du vivant le finalisme qui entache les modèles sociologiques.»[5] Ce grand coup porté au finalisme n'est pas explicite lorsqu'on parle d'évolutionnisme. Nous choisirons donc dans ce travail de parler d'évolutionnisme pour qualifier les courants de pensée liée à la philosophie de l'histoire finaliste et simplement de la théorie de l'évolution biologique pour parler des travaux naturalistes dans la lignée de ceux de Darwin.

Une autre famille de concept sera celle qui s'articule autour de l'histoire. Nous défendons l'idée que l'histoire est un élément essentiel de compréhension de l'évolution biologique et pour cela il nous faut préciser son acception. Nous considérons ici l'histoire comme la simple succession d'événements en interaction. Cette histoire peut ensuite être retracée a posteriori. Elle suit une logique d'enchaînement de causes et d'effets, de développements historiques mais qui ne peuvent être prédits sur la base de la recherche de rythmes, de tendances, de motifs ou de lois, nous inscrivant ainsi dans la critique de Popper[6] de l'historicisme. Notre réintroduction de l'histoire, comme lorsque nous parlerons d'histoire naturelle n'est donc pas un historicisme mais une philosophie de l'histoire niant l'idée de finalité ou de détermination, plutôt fruit du hasard et de la contingence. Si historicisme il y a, c'est dans le retour au contexte et aux faits locaux qu'il faut le voir, avec des déterminismes locaux

---

[5]Taylor (1991) Evolutionnisme, In Dictionnaire de l'ethnologie et de l'anthropologie de Bonte (P), Izard (M), pp. 269-272.
[6]Popper (1944) The poverty of historicism. Economica, new series, 11, 42, pp. 86-103.

qui n'appellent aucune généralisation, et ne s'établissent pas en loi. C'est une démarche générale des sciences sociales face au positivisme ou à l'évolutionnisme (spencérien): «à vouloir serrer de trop près la spécificité de chaque ère, de chaque pays, on se condamne à n'offrir jamais aucune généralisation» disait Claval[7]. Notre but n'étant pas absolument de faire des généralisations mais de chercher à expliquer les faits observables par une recherche de causalité classique, si des généralisations peuvent être faites sur la base de comparaison d'études différentes, c'est qu'il existe alors des phénomènes reproductibles dans les conditions déterminées, et il est important de les mettre en évidence. Si tel n'est pas le cas, en quoi cela deviendrait-il un problème? La science après tout ne raisonne-t-elle pas à partir de faits? Les généralisations ne doivent survenir, si nécessaire, que dans un second temps, mais elles ne s'imposent pas d'emblée comme but de la recherche. La réintroduction du rôle de l'histoire dans l'évolution est donc également une critique certaine d'un scientisme qui recherche en permanence à établir des lois et des déterminismes généralisables. C'est la raison pour laquelle nous réintroduisons volontairement la notion vieillie d'histoire naturelle qui s'était transformée en sciences naturelles puis en science biologiques ou de la vie. L'évolution, pour nous, ne peut se résumer à une physiologie du monde organique dans le temps.

Troisième ensemble de concepts, celui de construction et de constructivisme. Notre histoire, l'histoire de notre espèce (et probablement celle des autres également) se construit au fur et à mesure, en cela nous la qualifierons de constructiviste. Un constructivisme qui n'a rien à voir avec une épistémologie constructiviste qui ferait de nos construction

---

[7]Claval (1980) Les mythes fondateurs des sciences sociales. PUF, 261p.

intellectuelles les seuls objets manipulables, mais un constructivisme dans le sens où le monde et son histoire, la vie et son histoire, se construisent au fil du temps, par le chemin que l'on peut retracer a posteriori seulement, suite d'événements qui se coordonnent dans le temps et interagissent entre eux construisant véritablement l'histoire des espèces dont la nôtre. Nous évacuons donc d'emblée les idées finalistes et les plans préconçus, les déterminismes stricts qui verrouillent les chemins possibles. L'idée de la construction évolutive est celle qui intègre l'histoire de manière immédiate. Les contingences sont intégrées immédiatement, les événements, les contraintes, les changements également permettant à chaque moment de l'histoire de redéfinir le système. Il s'agit donc ici d'un système ouvert qui intègre en permanence les nouvelles données. Nous éviterons volontairement de parler d'environnement pour des raisons que nous évoquerons plus en détail ci-après et qui font référence à la distinction entre l'organisme et son environnement ou son milieu. Nous souhaitons réintégrer organisme et environnement dans une seule et même construction évolutive. La construction n'est pas seulement le fait d'éléments extérieurs qu'il faut que l'organisme intègre mais également de choix qui sont faits par lui et qu'il détermine lui-même. Ces choix (peu importe qu'ils soient conscients ou non) écrivent l'histoire elle-même et ne peuvent donc pas permettre un quelconque déterminisme de type historicisme. Mais l'évolution est ce parcours, dont l'histoire s'écrit au fur et à mesure.

2   Cadres épistémiques

2.1 L'évolutionnisme et la connaissance scientifique

Nous vivons une époque bien particulière. Elle est toujours sur la lancée industrielle du XIXe siècle pour ses aspects économiques qui ont pu se développer tout particulièrement après les ravages de la seconde guerre mondiale. Le règne de la technocratie avait été annoncé par des précurseurs militants comme Adorno. La technologie s'est développée comme jamais elle n'avait pu le faire auparavant, au point d'en devenir un but en soi dès la fin du XXe siècle. Une partie des structures de la société sont des vestiges de la France d'avant-guerre comme des organes vestigiels, laissés pour compte de l'évolution. L'outil technologique a en effet changé de statut voire de fonction, il a perdu son caractère utilitaire, est devenu une fin en soi. Et toute la société et les systèmes de pensée se sont orientés petit à petit vers cela. Le règne de la technique, la technocratie, a morcelé le paysage de la société. La spécialisation est devenue le mode principal d'évolution du monde du travail, suivant en cela un schéma philosophique évolutionniste spencérien. Parce que chaque nouvelle technique demande plus d'efforts technologiques, d'études, de matériaux, la complexité technique s'est accrue sous la bannière du progrès et la gestion humaine de cette complexité a demandé des gens plus pointus, performants dans leur domaine limité, compétents. Toutes les disciplines classiques ont été éclatées en sous-domaines. La phylogenèse disciplinaire s'est étendue, l'arbre de la connaissance s'est ramifié, les disciplines filles -issues des disciplines mères- s'étant à l'origine développées comme parties, traitées séparément selon le mode d'analyse cartésienne. Ainsi en va-t-il de la biologie moléculaire ou de la génétique, issues de la biologie et de la physiologie. Ces disciplines sont nées de découvertes ayant ouvert de nouvelles perspectives. Mais au lieu de servir d'approfondissement aux voies dont elles étaient issues, elles ont fini par s'en détacher tout à fait, prenant une forme d'indépendance comme si le rameau se détachait de la branche qui lui a donné naissance. Elles sont allées malheureusement jusqu'à éclipser, voire éliminer totalement ou presque les disciplines dont elles étaient issues. La zoologie, la botanique sont aujourd'hui, en France tout au moins, au bord de l'extinction institutionnelle. Les rameaux sont devenus autonomes. Mais il ne saurait y avoir de rameau sans arbre et cet arbre de la connaissance s'est alors trouvé atteint par un mal de la modernité, la perte régulière de ses récents rameaux. Il s'est trouvé dépouillé sous la pression économique. Cela a plusieurs conséquences: d'une part cela a fait dépérir l'arbre parce que l'on ne s'est plus occupé que de ces fameux rameaux autonomes, flambant neuf, et la société s'est laissé éblouir par les paillettes. L'arbre lui-même est apparu comme sans intérêt désormais, vieillissant, une souche qui n'avait guère plus d'utilité dans le cadre d'une recherche moderne. C'est en cela que l'outil (la génétique ou la biologie moléculaire en tant que nouvel instrument d'observation et d'interprétation de la nature) a pris le pas sur ce qu'il était censé servir. Ainsi pendant que se développaient ces nouvelles disciplines à la mode, périssaient de plus anciennes lignées comme la botanique, la zoologie, l'anatomie comparée... les laboratoires fermant un à un dans les diverses universités. Le progressiste dira qu'il en va ainsi dans un monde en perpétuelle évolution. Probablement qu'il considérera ces anciennes disciplines comme dépassées, comme l'on considérait les dinosaures jadis.

Comme ces nouvelles disciplines se sont troùvées les seules «valables» selon les critères de la «nouvelle» modernité, ou «modernité» pathologie sociale recherchant toujours la nouveauté dans un monde qui court de plus en plus vite, tous les chercheurs ont été formés dans ce soucis de spécialisation au détriment total des savoirs accumulés durant les siècles précédents, faisant de ces mêmes chercheurs des gens totalement réfractaires (pas tous) à toute idée provenant des anciennes théories, ne jurant plus que par la nouveauté. C'est à dire que l'on considère les résultats de la recherche de la même manière que les disques de musique, à savoir périmés très rapidement après leur émission. Un article qui a dix ans est déjà un vieil article et s'y référer fait quasiment partie déjà de l'histoire. C'est donc de ce point de vue, toute la culture disciplinaire qui s'est trouvée reléguée au rang de vieillerie ou pièce de musée, exposable en tant que représentant d'un temps révolu mais pas ré-invocable en tant qu'idée, mobilisable pour une discussion actuelle. Les savoirs précédemment accumulés se perdent dans les rayonnages des bibliothèques, témoins des réflexions passées et dépassées, et n'ont aucune place dans le cerveau des chercheurs modernes. Toute démarche de réévaluation d'idées «anciennes» est potentiellement envisagée comme étrange, c'est déterrer des cadavres pour les remettre en vie et cela inquiète. On a peur des chimères, du potentiel retour d'idées que l'on croyait avoir définitivement enterré, comme on le croyait du virus de la variole. La démarche courageuse de Gould en 1977, lorsqu'il a voulu ne pas jeter le bébé Bolk avec l'eau du bain dans la discussion sur l'ontogenèse et la phylogenèse, n'a pas été suivie. Il reste toujours très dangereux sur le plan institutionnel d'évoquer certains mots, certains concepts. Le fantôme de l'orthogenèse par exemple.

Avec la divergence phylogénétique croissante des disciplines, il se crée des espaces de plus en plus vastes entre les diverses branches divergentes. Et les possibilités d'établir des connections entre elles s'amenuisent au fil du temps. Cela a pour conséquence le cloisonnement des équipes de recherche désormais incapables de rassembler leurs idées et leurs résultats pour une synthèse et une pensée globalisante, parce que les laboratoires sont plus en concurrence désormais, qu'ils ne travaillent dans le même sens, en vue de la connaissance générale. C'est probablement un renversement paradigmatique des valeurs de la société depuis les années 70. Le modèle économique libéral s'est diffusé jusque dans ces aspects de la recherche et de la connaissance. La communication entre secteurs en devient presque impossible et cela renforce chaque secteur à défendre sa propre existence, pour lui-même, et non plus pour le service général de la progression des connaissances et la mise en commun. C'est probablement le sens du service qui s'est effiloché entre temps, l'idée du bien commun et du progrès général de la société.

Les branches divergentes des savoirs se sont parfois à tel point séparées qu'il leur est devenu presque totalement impossible de conserver des zones de contact, des points d'échanges d'idées. Les revues spécialisées se sont multipliées et au total c'est le nombre des publications qui s'est accru de manière exponentielle, surtout après la seconde guerre mondiale. Aujourd'hui ce nombre est impressionnant et depuis quelques temps les chercheurs de chaque discipline avouent clairement l'impossibilité de lire toutes les publications qui sortent régulièrement dans leur propre domaine. Effet de la mondialisation, d'autres pays que le noyau occidental d'origine se sont inscrits pour cette course effrénée. Le nombre de chercheurs aujourd'hui est incroyablement élevé et il le sera encore plus demain avec le développement spectaculaire de la Chine. Le colloque est parfois devenu le seul moyen pour eux de confronter leurs divers travaux et de prendre connaissance de ce qui se fait ailleurs, tout en assurant la promotion de son propre travail auprès des collègues et concurrents. Dans ce vaste marché cependant, rares sont les chercheurs qui peuvent «lever le pied», la majorité étant presque forcée d'avancer coûte que coûte, sous la pression économique principalement. Chaque champ disciplinaire continue donc de diverger plus avant et de se séparer plus encore des disciplines sœurs avec lesquelles ils partageaient à l'origine des rapports de parenté.

La principale conséquence de cette hyper spécialisation est d'ordre philosophique. Parce que la science se doit d'être efficace comme l'est la technologie qu'elle utilise et qu'elle contribue à développer, elle ne prend plus le temps de s'interroger sur les raisons initiales qui l'ont amenée à se poser les questions qu'elle tente de résoudre actuellement. Ainsi les cadres épistémiques ont-ils été perdus de vue par les biologistes par exemple, au profit d'une recherche toujours plus actualiste. Or la perte grave de ces cadres lui ôte toute justification d'ordre épistémologique ou philosophique. Elle doit désormais trouver cette justification dans des considérations toujours plus pragmatiques et toujours plus matérialistes, trouver des domaines d'application de ses résultats. Elle s'éloigne ainsi de plus en plus des projets initiaux qui ont conduit à ses interrogations fondamentales. En s'amputant ainsi de sa philosophie de départ elle est devenue pure technicité. Pour reprendre la métaphore de l'arbre phylogénétique, les branches séparées du tronc se sont par le fait séparées des racines. Car celles-ci sont l'organe d'alimentation de l'ensemble de la structure. Puisant ses ressources dans une terre fertile, fruit de l'histoire et de la philosophie humaine depuis des siècles, fondements de la civilisation occidentale, terreau fertile fournissant toujours matière à réflexion. L'arbre de la connaissance scientifique s'enracinait dans ce terreau, dont il se nourrissait, ainsi en allait-il de sa survie, de sa richesse. Et malgré les modes et le temps, les guerres ou les changements de société, cet arbre continuait de vivre bon an mal an, perdant une branche de temps à autre mais toujours créant de nouveaux rameaux qui fructifieront pour le bien-être de l'ensemble. Désormais les rameaux qui ont tenté l'aventure autonome ne pourront pas recréer ces racines dont ils se sont coupés et doivent trouver un mode de survie qui leur est propre, mais ils ne donneront jamais un arbre de cette importance.

L'hyperspécialisation a de graves répercussions épistémologiques à notre avis, parce qu'elle est basée sur un modèle épistémologique particulier, celui de l'accumulation du savoir: la connaissance croîtrait de manière progressive, selon l'aphorisme de Newton «standing on the shoulders of giants». Ce qui a pour effet d'envisager que le progrès des connaissances ne peut se faire que dans une avancée constante unidirectionnelle. Chaque nouvelle voie ouverte est explorée de manière systématique. Mais la connaissance ne revient que rarement sur ses pas, comme le fait également l'évolution biologique selon la formule consacrée. Faute de temps, faute d'argent. L'espace interdisciplinaire s'accroît toujours plus et éloignent définitivement les acteurs de la recherche entre eux. Au bout d'un certain temps de divergence ceux-ci perdent potentiellement le pouvoir de se comprendre. Ceci a plusieurs conséquences néfastes: d'une part l'impossibilité de pouvoir à nouveau croiser les champs disciplinaires fait perdre une grande partie de la richesse de la réflexion d'origine, c'est-à-dire de celle qui était présente à l'origine de la divergence, d'autre part cela a pour effet d'éliminer (par un processus étrangement comparable à la sélection naturelle) des pans entiers du savoir et c'est ce processus qui est à l'origine de la disparition dramatique de champs disciplinaires entiers tels que la zoologie ou la botanique en France notamment. Ce sacrifice disciplinaire sur l'autel de la rentabilité est un grave problème pour la formation à la recherche à notre avis.

Décontextualisée, la recherche prend des aspects techniques, technologiques qui désormais œuvrent pour eux-mêmes, comme une intelligence artificielle dont le contrôle échapperait à son ingénieur.

Ainsi se développent des champs entiers du savoir, dans l'oubli le plus total des modèles épistémiques qui les ont fait naître à l'origine. Cette recherche aveugle a pour habitude de ne pas trop se retourner et d'oublier qu'elle n'est qu'un outil de connaissance. Les nouvelles disciplines sont comme de nouveaux jouets que l'on s'empresse d'utiliser en oubliant le reste.

Ce n'est que rarement que certains chercheurs prennent le risque de tenter une synthèse ou une approche critique qui possède souvent aux yeux des autres l'aspect d'un retour en arrière, la réhabilitation de vieilles idées enterrées et dépassées. En quelque sorte cet aspect que nous pensons fondamental pour la recherche peut passer pour une véritable perte de temps, un travail d'historien qui permettra simplement de «boucher un trou» dans un rayonnage de bibliothèque. Or ce travail est on ne peut plus nécessaire pour rendre une réflexion de fond à cette recherche aveugle. Et force est de constater alors, d'un point de vue épistémologique, que les vraies idées ne sont que rarement nouvelles et si l'on avait su lire en profondeur les textes fondateurs, on aurait pu constater qu'ils en comportaient déjà beaucoup. Mais peut-être faut-il du temps pour apprendre à lire avec des yeux neufs.

Il existe une tradition intéressante sur le plan épistémologique, c'est cette référence constante à ces auteurs d'origine. Un travail moderne tente souvent de se donner de la profondeur en se réclamant d'un de ces auteurs ou de ces travaux d'origine. Cette filiation semble être une garantie d'authenticité du travail effectué en pleine conscience de ses appartenances théoriques et le simple fait de citer ces auteurs donne au travail une forme d'autorité de fait. Rares sont les travaux qui ont tenté de trouver chez ces auteurs anciens autre chose que ce que l'exégèse classique en a fait. C'est par tradition et par soucis de filiation qu'on se rattache à ces auteurs. De récents travaux démontrent pourtant qu'au sein de ce que l'on voit généralement comme des ensembles de travaux homogènes comme la Synthèse évolutionniste dans l'esprit de la majorité des «darwinistes modernes» est en réalité composé de vision souvent divergentes[8] entre elles et issues de traditions différentes et qui ne se sont probablement rattachées les unes aux autres que par un effet de nécessité au sein d'une politique de la science. Il existe un pluralisme dans ces visions de l'évolution qui a certainement été oublié ou éludé pour mieux mettre en avant la puissance de certaines idées qui n'ont que peu à voir avec la science dans sa recherche objective. Le retour aux textes fondateurs semble donc indispensable si l'on ne veut pas tomber dans la caricature dogmatique d'une pensée scientifiquement correcte.

---

[8]Delisles (2009) Les philosophies du néo-darwinisme. PUF, 456p.

Le règne de la technique est froid et sans vie, c'est un rameau mort que l'on utilise désormais comme bâton à fouir. Toutes les éventuelles transformations que pourrait subir ce rameau sont désormais celles que l'on voudra bien lui infliger en tant qu'outil: on aura beau le polir, le couper, le dorer, il ne fera plus jamais de racines. Or la science, l'esprit scientifique, ne se réduisent pas à la technique, ils l'utilisent simplement. Aujourd'hui l'exigence de rigueur scientifique est devenue précision technique. En dehors de cela point de salut. Bachelard[9] avait pourtant prévenu que «l'excès de précision, dans le règne de la quantité, correspond très exactement à l'excès du pittoresque, dans le règne de la qualité». Mais en se détachant ainsi de ses racines, de ses fondements de pensée, elle s'est détachée du monde en général et de l'intérêt intellectuel que le monde pouvait y trouver. Nombreux sont les humains qui ne s'intéressent plus à la science parce qu'elle ne tente plus de répondre à de grandes interrogations fondamentales. Elle a préféré laissé ce rôle à la philosophie, comme si cette dichotomie fondamentalement techniciste était opérante, comme si chacune de ces deux voies étaient, telles des expertes, capables de proposer des solutions. Au rang de technologie elle n'a guère plus d'intérêt que n'importe quelle chaîne de construction, n'importe quelle notice technique. Les esprits se tournent alors vers des choses plus humaines, plus proches de leurs préoccupations, plus tournés vers eux-mêmes. Nous pensons que l'évolution de la science telle qu'elle s'est faite a contribué à la nombrilisation de la société. Le développement de l'ésotérisme en est également une conséquence, les humains cherchant des voies de réponse nouvelles. Les récents sondages du CSA sur

---

[9]Bachelard (ed.1993) La formation de l'esprit scientifique. Vrin, 256p.

l'intérêt des français vis à vis de la science démontrent clairement que ce qui intéresse les gens ce sont les applications pratiques et les progrès en matière de santé, cadre de vie, alimentation et environnement, soit essentiellement la recherche appliquée. La recherche leur semble importante pour ces raisons pratiques, mais le paradoxe semble apparaître lorsqu'ils se disent peu intéressés par la science elle-même. Mais il n'y a rien de paradoxal là-dedans, contrairement à ce qu'en a pu dire la presse.[10][11]

Les sondages montrent qu'ils font confiance à la science, experte, spécialiste, comme on fait confiance à son plombier! Ce qui nous intéresse, c'est que celui-ci, répare la fuite d'eau ou qu'il installe un système efficace et durable et non pas ce qu'il fait concrètement. Parce qu'elle n'est plus que technicité, la science n'intéresse que pour ses résultats et non plus pour sa démarche d'investigation. Elle s'est bel et bien coupée de ses racines. Le projet scientifique n'a plus d'identité.

Des domaines comme l'ethnologie ou l'histoire en sont de parfaits exemples. Au départ tournés vers le monde extérieur ou les grandes questions, comme aux temps de leur initiation -l'ethnologie parcourait le monde à la recherche de l'ailleurs et l'histoire parcourait le temps également à la recherche d'un ailleurs- elles sont aujourd'hui assez nombrilistes, tournées vers des sujets de proximité. L'ethnologie de l'homme de la rue de nos sociétés citadines ou l'histoire d'hier en sont les archétypes. Épuisement des rameaux en ressources.

---

[10] Le figaro/sciences/18/10/10/Le rapport paradoxal des français...
[11] http://www.lemonde.fr/planete/article/2010/10/20/les-francais-jugent-les-chercheurs-pas-valorises_1428553_3244.html.

Il nous semble donc urgent et vital de rétablir les bases philosophiques de la recherche scientifique, son projet de société. Et pour cela, il nous semble important de rétablir des connexions entre les branches du savoir. Les évolutions interdisciplinaires tant mises en avant ces dernières années, ne sont généralement que des artéfacts qui permettent de grossir les équipes et d'impressionner les financeurs potentiels par leur poids. Mais il s'agit dans le meilleur des cas de coaptations d'experts, qui travaillent chacun sur la partie du problème qui les concerne. Le résultat final n'en est que la somme totale. Il n'y a pas d'échanges véritables, pas d'anastomoses intellectuelles, pas de projet de réorganisation des savoirs en vue d'une nouvelle manière de poser les problèmes. Notre travail mettra en avant de possibles connections et se permettra de naviguer d'une discipline à l'autre en oubliant les frontières qui les séparent sur le plan institutionnel, dans l'unique but de rassembler les connaissances et de tenter de mieux cerner la réalité par divers moyens.

Le problème de l'adaptation dont nous allons beaucoup parler, fait partie de ces exemples qui méritent une attention toute particulière, parce qu'à la croisée des chemins disciplinaires. Nombreux sont ceux qui en parlent ou en ont parlé mais d'une manière indirecte, presque comme en filigrane. Parmi eux beaucoup sont convaincus que c'est là un problème essentiel, central de la biologie évolutive. «Aucune théorie de l'évolution ne peut être acceptée si elle abandonne comme un mystère le phénomène de l'adaptation» disait Dobzhansky[12]. Le phénomène est connu et accepté de tout le monde mais rares sont les livres qui en portent le titre en dehors de celui de Williams. La question

---

[12] Dobzhansky (1966) L'homme en évolution. Nouvelle bibliothèque scientifique, Flammarion. 432p.

est abordée par différentes spécialités, paléontologie, biologie, histoire des sciences, psychologie, mathématiques ou philosophie, chacune l'éclairant de son propre point de vue. Le problème prend alors, selon le cas, un aspect très théorique, très abstrait. On peut alors se poser la question de la légitimité des différents discours sur l'adaptation. Parce qu'au fond celle-ci ne relève-t-elle pas avant tout de biologie générale, de naturalisme? L'adaptation est d'abord une constatation naturaliste issue de l'observation avant d'être un problème théorique. Ceux sont les observateurs de la nature qui l'ont «inventée», qu'ils soient issus de la Grèce antique, de la théologie naturelle, ou de l'évolutionnisme. On la doit à Aristote, Buffon, Lamarck, Darwin... tous naturalistes et observateurs, ayant un rapport, un contact avec la nature, objet de leurs études et questionnements philosophiques. Alors s'il n'est pas inintéressant de cheminer dans les arcanes de la pensée complexe, de se complaire dans les nimbes d'une vie théorétique, n'en oublions jamais pour autant que l'objet de nos réflexions est sous nos yeux, dehors, au-delà des fenêtres de nos laboratoires et de nos bureaux citadins.

Lorsqu'elles sont menées par des philosophes, les discussions sur ces problèmes naturalistes manquent souvent cruellement de concret. Pas d'exemples animaux, ni végétaux. Quid des baleines, des orchidées, des dinosaures et des australopithèques? Le problème reste conceptuel. A l'inverse, trop nombreux sont les biologistes, les paléontologues, qui l'œil rivé sur leur objet d'étude ne se posent pas suffisamment la question de l'adaptation, pour tenter de mieux la comprendre, de mieux la cerner. Ils considèrent à tort que le problème n'en est pas un, ou n'en est plus un. Aux deux extrémités de ce dipôle intellectuel, des articles, des colloques et des livres sont produits mais chacun restant campé sur ses positions défensives, retranché derrière ses murailles de matière grise et de dédain, il n'existe pas de réel échange. Trop rares sont les biologistes qui vont grappiller des interrogations chez les philosophes et les historiens des sciences, et trop rares sont ces derniers d'aller observer la nature, la toucher, la sentir. Comment pourrions-nous prétendre comprendre notre monde sans utiliser toutes nos facultés? Les tours d'ivoires se sont construites les unes à côté des autres comme ces grands buildings dans les quartiers d'affaires de nos grandes métropoles mondiales, chacun œuvrant chaque jour pour le compte de sa propre entreprise et sans égard pour son voisin. Or si l'on peut comprendre, sans forcément l'accepter, ce trait de caractère de nos sociétés dites modernes et civilisées, on le comprend beaucoup moins pour des scientifiques, des chercheurs. Quel est donc devenu le but de la recherche? Il est temps de poser la question. Ne s'agissait-il pas au départ de bien commun? De permettre à tous de mieux comprendre notre monde? Ne devraient-ils pas collaborer dans un projet commun? Est-ce si naïf de le croire? Mais la réalité économique de la recherche est toute autre. Et la réalité psychologique des chercheurs également. L'adaptation n'appartient en propre à aucune discipline précédemment citée, s'arrogeant le droit, au nom de principes intellectuels, de fournir les clefs de lecture de ce problème naturel. Darwin n'était-il pas sans cesse à fouiner dans les environs de Downs, récoltant des coléoptères, observant les fleurs? C'est parce que certaines adaptations particulièrement frappantes ont été observées dans la nature, que sont nées les réflexions et les discours. C'est également pour cette raison que les paléontologues, manipulant des os toute la journée, les mesurant, les comparant, ont fini par faire de l'adaptation un système verrouillé, obsédés qu'ils sont par la corrélation des formes.

On le comprend aisément, ce petit travers humain qui relève de la focalisation psychologique. D'où l'intérêt de ne pas oublier ses propres cadres intellectuels, ses limites disciplinaires pour ne pas être tenté par le démon de la généralisation abusive. Probablement comme dans la majorité des problèmes complexes qui s'offrent à nos intellects avides, la solution se trouvera-t-elle dans les milieux, entre la théorisation forcenée d'une part dont la vision d'altitude manque un peu de réalisme et le nez planté dans la terre victime de ses sens enivrés et saturés.

2.2 L'évolution disciplinaire

Il est extrêmement difficile de renverser les paradigmes en place. Les scientifiques jouent un véritable rôle de gardien du temple en protégeant jalousement les trésors qu'il renferme. En fait de trésor, il s'agit de la connaissance. La tour d'ivoire existe encore. Des systèmes de défense de la tour sont mis en place. Il n'est pas possible d'y atteindre les derniers niveaux directement, l'étagement doit refléter la progression que l'on doit suivre à l'intérieur de la tour pour arriver au sommet. Il existe un véritable parcours initiatique dans notre pays pour faire de la recherche. Cela ressemble trop au roman d'Umberto Eco, «Le nom de la Rose».

L'esprit de propriété comme le nomme Edgar Morin, est dommageable au projet scientifique lui-même. Mais à la décharge de la communauté scientifique, cette tendance qui semble si naturelle chez les occidentaux se trouve renforcée par le climat économique actuel et le contexte capitaliste. La logique de l'argent dans la recherche et la dépendance des laboratoires de l'existence de crédits contraint la communauté scientifique à protéger ses prérogatives. Il en va souvent de la subsistance même des disciplines. Certaines disciplines actuelles qui ne génèrent pas de bénéfices ont bel et bien du mal à survivre. Il existe une forme de protectionnisme qui se traduit alors par l'obligation de trouver les moyens nécessaire au maintien de la discipline. D'où une âpre concurrence sur les programmes de recherche où désormais les équipes sont soumises au concours. Logique de performance, logique d'efficacité, logique de l'argent. La disciplinarité n'est plus seulement une manière de pouvoir traiter des informations selon des angles différents, c'est également désormais une question de lutte pour conserver des postes.

Peut-être le problème vient-il également du découpage disciplinaire qui tend à effacer dans sa course au progrès - véritable course aux armements technologiques également sa filiation- sa généalogie, son histoire, son origine. Parce que cette origine et cette histoire véhiculent des modes de pensée qui finissent par ne plus avoir besoin d'être remis en question, parce que les avancées technologiques n'ont plus besoin de ces questions et ne souhaitent plus se les poser. D'une part parce qu'elles pourraient y perdre leurs assises et d'autre part parce qu'elles ont perdu «contact» avec ces mêmes questionnements d'origine et qu'elles ne sont toujours pas, malgré leur «modernité», en mesure d'y répondre ou qu'elles ont même perdu la signification de ces questionnements.
Ecologie, comportement, adaptation, évolution, tout cela est lié parce que toute la matière de ces disciplines, s'est construite avec le temps et en «cohérence» ou tout au moins en «interaction». Ce n'est pas une démarche holiste contre une démarche réductionniste, c'est une démarche constructiviste.

L'adaptationnisme régnant avec son cortège mathématique, relève de ce qui pourrait être dénommé «raison instrumentale». Car la «techno-adaptation» qui en résulte n'a pour but que d'assurer le bon fonctionnement du système et de créer les conditions de son autoreproduction. Cette techno-adaptation n'est que l'effet de la technicisation des sciences. Mais la division disciplinaire en groupes d'experts diminue la possibilité d'envisager l'étude d'un problème trop général comme l'adaptation qui ne souffre pas d'être atomisé.

Il est classique de considérer que la spécialisation évolutive conduit souvent à des impasses, par l'impossibilité qui s'ensuit de pouvoir s'adapter aux changements de milieux. La spécialisation disciplinaire dans la recherche scientifique conduit ses acteurs à progressivement se déconnecter des disciplines sœurs et des racines dont ils sont issus. Les cadres épistémiques associés à chaque discipline bien différenciée sont d'une telle rigueur, qu'avec le temps il devient difficile de pouvoir les concilier avec ceux de disciplines voisines. C'est ce que Morin appelle le risque de «chosification» de l'objet étudié.[13]

La construction de véritables schèmes structurels cognitifs due à la spécialisation engendre fatalement un éloignement progressif des domaines du savoir. Cette perte des repères d'origine a des effets dévastateurs dans l'organisation même des champs disciplinaires par la perte notamment de disciplines entières comme c'est actuellement le cas en France avec la disparition progressive et avancée de la zoologie ou de la botanique par exemple. Et au-delà de la perte des chercheurs dans ces domaines, c'est la perte de la transmission de la connaissance accumulée auparavant.

---

[13]Morin E. (1994) Sur l'interdisciplinarité. Bulletin du CIRET n°2.

Dans une société de la consommation où le client recherche sans cesse la nouveauté, le dernier cri, la nouvelle information, les savoirs antérieurement acquis apparaissent vite comme dépassés. Or bon nombre de connaissances issues de la zoologie, de la botanique n'ont rien à voir avec une quelconque action érosive du temps, avec une quelconque date limite de validité. Ce sont des connaissances hors du temps, toujours valables et c'est la raison pour laquelle la perte de ces savoirs est dramatique et dangereuse. Ce débat pourrait malheureusement trop ressembler à la querelle des anciens et des modernes, n'est-il pas temps de dépasser ces clivages stériles? Ce schéma de validité limitée des connaissances dans le temps est directement issu du domaine technique encore une fois. Dans ce domaine les connaissances se remplacent les unes les autres, à un rythme sans cesse accéléré de nos jours et effectivement les savoirs antérieurement acquis sont dépassés par les nouvelles recherches et rendus caducs. Le progrès technique suit cette logique implacable de la survie du plus apte, mais la connaissance doit-elle suivre ce chemin? Cela paraît totalement déraisonnable. La «perte des repères de la société»[14] pourrait en partie être imputée à de telles manières de faire.

Le morcellement actuel de la spécialisation disciplinaire, sur la lancée du XIXe, est probablement un frein important à l'étude de problèmes complexes tels que l'adaptation. Du temps de Darwin ou de ces prédécesseurs (et encore du temps de Julian Huxley, Kettlewell et de leurs collègues) il semblait encore possible d'embrasser la totalité du vivant pour tenter d'y voir des phénomènes généraux, d'en avoir une connaissance suffisamment vaste pour pouvoir en tirer

---

[14]CNRS Info n°381

quelques aspects généraux, à grande échelle. Aujourd'hui, un spécialiste de la paléoanthropologie ou un autre n'a pas la connaissance suffisamment large d'un naturaliste pour pouvoir comparer les phénomènes existant dans son groupe zoologique d'étude avec ceux existant dans d'autres groupes naturels.

Est-il en effet possible d'imaginer que l'on puisse parler d'un phénomène aussi large que l'adaptation, en extrapolant des conclusions d'une si petite partie du vivant? Il n'est même probablement pas du tout certain que les phénomènes adaptatifs soient du même ordre entre groupes zoologiques distants phylogénétiquement. Comment penser que l'adaptation chez les plantes puisse être comparable à celle des insectes, des baleines et des hommes. De même que la sélection naturelle agit à différents niveaux de complexité du réel, l'adaptation n'a pas les mêmes manifestations suivant ces mêmes niveaux.

Que l'adaptation soit un phénomène général, c'est très probable; qu'elle n'ait pas le même degré d'action selon les groupes et les conditions, c'est très probable. Qu'elle n'ait pas les mêmes manifestations et les mêmes conséquences selon les groupes naturels étudiés, c'est plus que probable et à notre avis, cela reflète la complexité, des niveaux hiérarchiques différents qui ne possèdent pas les mêmes règles de fonctionnement et sont probablement régis également par des phénomènes d'émergence.

Donc l'étude de l'adaptation sur un plan général ne peut se contenter d'explications locales, par exemple sur les hominidés, calquées sur des explications de l'adaptation issues d'autres observations sur d'autres groupes. En effet, particulièrement chez les hominidés, mais également peut-être pour tous les mammifères, des phénomènes sociaux et comportementaux sont présents et modifient considérablement la donne, par rapport aux plantes ou aux insectes. Les lignées phylogénétiques se sont séparées il y a suffisamment de temps pour que des mécanismes et des phénomènes différents se soient mis en place dans ces groupes. Il faut donc adopter une vision d'ensemble du monde organique si l'on veut faire des synthèses sur le phénomène général de l'adaptation et montrer par conséquent comment cette adaptation possède des manifestations différentes dans la nature.

2.3 Le projet de science

En 1982 Ernst Mayr[15] faisait remarquer comment l'histoire de la biologie avait subi les déformations imputables à leurs auteurs physiciens «qui n'ont le plus souvent pas abandonné l'idée simpliste que toute chose qui n'est pas applicable à la physique n'est pas scientifique». Force est de constater que depuis l'écriture de ce livre, la science a elle-même conforté cette idée. La mathématique est devenue reine dans les disciplines biologiques et les naturalistes ont peu à peu disparu. Aujourd'hui les chercheurs s'affrontent à coup de chiffres, de coefficients, d'indices qui permettent d'en tirer des lois, des mesures, des expériences. Peut-être faut-il voir là une incidence de l'évolution de la société vers l'économie mondiale et la loi du chiffre. D. Schwartz parle de «culte du nombre»[16]. Les publications fournissent des batteries de calculs, de plus en plus complexes, de modèles de plus en plus inaccessibles aux non-mathématiciens. Mais force est de constater que si c'est la complexité du réel qui se dévoile peu à peu, les idées générales ne font guère de progrès; c'est

---

[15]Mayr (ed.1989) Histoire de la biologie. Diversité, évolution et hérédité. T.1, p.33.
[16]Schartz D. (1994) Le jeu de la science et du hasard. La statistique et le vivant. Champs Flammarion.129p.

même plutôt le contraire. Car même les modèles les plus sophistiqués de la biologie aujourd'hui sont encore bien enfantins face au réel. Les modèles classiques déterministes ont été dépassés dans les vingt dernières années du XXe siècle mais l'idée persiste qu'il est encore possible de les utiliser en biologie de l'évolution. La quête de l'ordre continu de pousser des générations de chercheurs vers les modélisations. L'occidental ne peut-il envisager de ne pas maîtriser la nature? Elle doit être réductible à quelques lois simples. «Le rasoir d'Occam lorsqu'il est appliqué légitimement, est donc un principe de logique se rapportant à la complexité d'un raisonnement, et ne concerne nullement le monde matériel: il ne stipule pas que la nature doit nécessairement être la plus simple possible» commente Gould.[17] Toute la méthodologie que met en place la recherche doit se limiter au raisonnement lui-même, aux aspects logiques. La transposition de la logique (purement humaine) au fonctionnement de la nature amène à des simplifications abusives ou des préconceptions déformantes. Notre logique est-elle un miroir déformant de l'image que nous avons de ce qui nous entoure? Probablement. Notre langage également. L'extraordinaire développement des mathématiques ne doit pas devenir la seule manière d'évaluer le travail des scientifiques, sous prétexte que seules les données chiffrées se prêtent à mesurer la somme du travail accompli. Certaines choses ne se mesurent pas.

La nature ne raisonne pas avec un cerveau humain, elle n'économise pas ses hypothèses. L'ennui avec cette manière de voir, c'est lorsque l'on finit pas comparer la logique naturelle avec la nôtre comme on le fait dans l'évaluation du niveau technologique ou de complexité. Notre présomption

---

[17]Gould (ed.2006) La Structure de la Théorie de l'Evolution. Gallimard Essais, 2033p.

pour nos prouesses technologiques est telle que l'on utilise ce niveau technique comme référence. Les «œuvres» naturelles sont comparées à ce niveau technique. Si nous sommes capables de reproduire le réel grâce à notre technique, alors nous considérons que nous maîtrisons. C'est un raisonnement «puéril» du type que l'on rencontre dans toutes les cours de récréation: «moi aussi je sais le faire!» Il y a probablement un sentiment de cet ordre dans l'attitude réductionniste.

Pour autant, il ne s'agit pas de défendre l'attitude opposée qui ne consiste qu'en l'admiration contemplative des phénomènes qui nous dépasseraient tant, qu'il serait vain de vouloir les approcher ou même les comprendre. La quête de l'ordre n'est pas vaine dès lors qu'elle laisse tout autant de place à des sens différents.

La science actuelle se fonde sur quatre grands principes que résume parfaitement Levrel[18]:
– le réductionnisme
– la méthode analytique
– la dimension mécaniste
– l'approche rationaliste

Ces quatre principes forment les fondamentaux de la science encore aujourd'hui, de cette science pratiquée par le monde entier. Le réductionnisme est cette tendance générale à considérer comme plus valable un raisonnement scientifique dès lors qu'il est réduit à quelques principes minimaux. Plus la réduction est forte et plus le raisonnement apparaît solide et fiable. Le principal écueil de ce type de raisonnement, qui fonctionne très bien pour les

---

[18]Levrel H. (2007) Quels indicateurs pour la gestion de la biodiversité. Les cahiers de l'IFB. 94p.

mathématiques ou les sciences physico-chimiques, est sa moindre applicabilité aux systèmes vivants. Ce mode de raisonnement a été particulièrement remis en question dans l'analyse du risque environnemental par exemple et l'on s'est aperçu de notre incapacité à évaluer ce risque de manière sûre et prévenir les catastrophes à cause du manque de considération pour la complexité des systèmes, du nombre de paramètres en interaction et de la non linéarité des systèmes également. Levrel indique que le mode de raisonnement réductionniste conduit à la spécialisation disciplinaire et le principal danger lorsqu'on étudie des phénomènes complexes c'est de ne pouvoir mettre en interaction les différentes approches.

La méthode analytique quant à elle a également fait long feu dans la pratique des sciences du vivant. L'approche de Gould entre autres est un parfait exemple des limites de cette méthode. Le postulat sous-jacent que la somme des éléments forme le tout est dépassé par la reconnaissance des phénomènes émergents, constamment à l'œuvre dans l'organisation même du vivant. Chaque niveau d'organisation est à lui seul un tout qui n'est pas réductible à la somme de ces parties.

La dimension mécaniste a pour effet de considérer les systèmes vivants comme des machines et de prolonger la discussion sur les effets du cartésianisme. Cette approche reste très usitée notamment dans le domaine médical. Les progrès actuels de la médecine ont souvent l'aspect de la réparation du garagiste et les modèles bioniques de reconstruction du corps humain en sont typiquement la version la plus moderne. «Il n'est pas certain toutefois que nous soyons voués à cette médecine parcellaire qui s'apparente souvent à un travail de plomberie ou de robinetterie» dit cependant Bruckner.[19] Le philosophe souligne le manque de considération actuel pour le patient en tant qu'humain et non pas juste en tant que machine cassée. L'oblitération de «l'intelligence humaine» dans le traitement peut-être à l'origine d'une moindre efficacité globale et peut conduire selon les cas à l'échec du traitement par omission des phénomènes psychologiques dans l'interaction médecin-patient.

La dimension mécaniste a le tort de ne se fonder que sur des données objectivables, et notamment des résultats chiffrés, des éléments concrets. Or la subjectivité est pourtant très forte, l'effet placebo est pourtant bien connu. La dimension psychologique n'est pas mesurable et pourtant elle entre pour une bonne part dans la réussite d'un traitement et la victoire contre les maladies, le cancer notamment.

Contre une opinion régnante physicienne qui est convaincue que la physique constitue le paradigme de toute science, l'étude du phénomène de l'adaptation ne peut pas être basée sur cette physique. Notre vision du monde n'est (contrairement à ce que l'histoire des sciences physicienne tend à penser généralement) absolument pas fondée sur les découvertes de la physique. Notre progrès technologique certes oui. La primauté mathématique et physique en sciences est un héritage comtien, d'une hiérarchisation des disciplines de la connaissance scientifique. Il faut abandonner ce paradigme trop réducteur et qui falsifie la réalité des phénomènes en tentant de les rapporter à quelques lois simples. Vanité. Notre vision du monde hors la technique est celle que nous devons à la scala naturae et à l'intuition évolutionniste pré-darwinienne. Elle est donc

---

[19]Bruckner P. (2000) L'euphorie perpétuelle. Essai sur le devoir de bonheur. Grasset. 281p.

basée sur des principes philosophiques avant tout et non sur les résultats d'expérimentations physiques.

Par rapport à l'histoire générale des sciences, il est assez faux de considérer cette histoire des idées avec une biologie unifiée en tant que science. Certaines branches biologiques s'apparentent plus à la physique dans leurs méthodes et leurs résultats et dans les conséquences qu'ont ces découvertes sur la manière d'envisager l'évolution (à savoir pas grand changements) L'évolution en général (des espèces, des milieux) fait appel à des méthodes différentes, liées à la «nature» des sujets plutôt que des objets. Le fait d'analyser en ses moindres composantes un animal ne permettra jamais de comprendre son «fonctionnement», qui n'est qu'un fonctionnement «relatif» dans la mesure où il s'inscrit dans une histoire, un contexte, un environnement. Il n'y a probablement pas d'absolus en biologie de l'évolution.

L'idée de progrès est étroitement liée à la notion de perfection. Descartes était en quête de cette perfection, stade ultime et achèvement d'un processus. «(…) je m'avisai de considérer que souvent il n'y a pas tant de perfection dans les ouvrages composés de plusieurs pièces et faits de la main de divers maîtres, qu'en ceux auxquels un seul a travaillé.»[20] Cette quête d'absolue vérité basée sur la mathématique confère à l'idée de pureté dont la définition inclut le caractère sans mélange, sans altération[21]. A partir de là on peut aller beaucoup plus loin dans les fondements de la science. D'après Sober cela correspond au modèle aristotélicien de «l'état naturel» des choses, c'est à dire un état «pur», ce qui reste lorsqu'on a enlevé toutes les interactions extérieures, toutes les perturbations. C'est le

---

[20]Descartes. Meth. II, 1.
[21]Littré. Def.: «Pureté»

modèle newtonien du mouvement rectiligne uniforme. C'est également la recherche de La substance, «ce dessous qui nous sera éternellement caché» disait Voltaire,[22] «le secret du Créateur». En chimie, l'absolu c'est ce qui est pur, sans mélange, tel l'alcool absolu. La recherche de l'absolu, de l'état pur, originel aussi parfois, c'est la recherche de ce qui existe indépendamment de toute condition, de toute contingence. Pourtant Buffon disait que «l'absolu (...) n'est ni du ressort de la nature ni de celui du genre humain.»[23] Rousseau prévenait quant à lui : «ne cherchons point la chimère de la perfection»[24].

La raison techniciste peut conduire à ce dogmatisme, cette psychorigidité du scientifique à la recherche d'un absolu caché, le rêve de Leibniz d'une Mathesis Universalis. Bon nombre de philosophes et d'épistémologues qui ont traité de cette question fondamentale sont de formation mathématique ou physique/chimie, des sciences dites «dures». La logique de ces sciences de la matière n'est pas identifiable cependant à la logique des sciences du vivant. Il n'y a plus de recherche de l'essence des phénomènes, il y a recherche d'extension des cadres. Démarche contraire au réductionnisme physicaliste ou mathématique. En ce sens nous souscrivons à la critique poppérienne d'une épistémologie inductiviste dans la mesure où la généralisation inductive ne garantit pas l'approche d'une vérité scientifique. L'énoncé universel ne peut être valable à cause de la variabilité, condition intrinsèque des phénomènes du vivant.

---

[22]Voltaire. Dictionnaire philosophique: «Ame»
[23]Buffon. Homme. Arythm. Morale.
[24]Rousseau Lettre à d'Alembert.

2.4 Structure, système, fonction

Il n'y a pas fondamentalement de différence entre structure et système pour certains auteurs «L'analyse structurale n'est finalement pas autre chose qu'une analyse de systèmes, c'est à dire une théorie permettant de rendre compte de l'interdépendance des éléments d'une totalité.»[25] Le système est envisagé comme «un ensemble d'éléments interdépendants, ne prenant sens que les uns par rapport aux autres, en un mot constituant une totalité», «aucun élément appartenant à un ensemble structuré (une totalité) ne saurait être considéré isolément; un ensemble structuré ne peut être réduit à la somme de ses éléments. L'usage du terme de structure vise pour l'essentiel à mettre conceptuellement en évidence la disposition ordonnée des parties d'un tout et la permanence des rapports fondant cette disposition. (...) La notion est alors employée comme équivalent de celles de système ou d'organisation malgré les divers essais pour délimiter le sens respectif de ces termes.»[26] Durkheim évoque la résistance au changement qu'implique la notion de structure: «Plus une structure est fortement accusée, plus elle oppose de résistance à toute modification et il en est des arrangements fonctionnels comme des arrangements anatomiques.»[27]

«La notion de fonction renvoie seulement à l'idée d'interdépendance relative entre les faits»,[28]

---

[25] Boudon (1993) «Structure dans les sciences humaines», In Encycl. Universalis.
[26] Tort (1996) «Structure» Dictionnaire du Darwinisme et de l'Evolution. 4862p.
[27] Durkheim (1894) Les règles de la méthode sociologique.
[28] Lenclud G. «Fonctionnalisme» in Tort (1996) Dictionnaire du Darwinisme et de l'Evolution. 4862p.

introduisant des relations plus «lâches» entre les éléments constitutifs «qu'il n'est pas épistémologiquement nécessaire de penser comme structuré.» Il existe donc des liens étroits entre ces diverses notions polymorphes mais considérées généralement comme ayant un statut explicatif heuristique. Izard et Lenclud notent que «le structuralisme lévi-straussien relève (…) de modèles dont la fonction est, pour l'essentiel, heuristique.»
Il n'y a pas de différence réelle entre la définition du système et celle de la fonction puisqu'il s'agit dans les deux cas d'une interdépendance entre les éléments constitutifs.

La critique du fonctionnalisme en anthropologie s'est mise en place contre le courant le historiciste comme en biologie, afin de combattre «l'illusion archaïque». «Le principe d'explication fonctionnaliste est d'inspiration anti-historique» précise Lenclud. Le structuralisme de Lévi-Strauss, lui aussi s'est mis en place contre «un usage immodéré des déterminations causales (historiques ou fonctionnelles)»[29]. Structure et fonction ne sont donc pas équivalentes sur ce plan. Il y a donc des contradictions entre structure, fonction et système.

La tradition structuraliste semble avoir une histoire lisible et celle de Lévi-Strauss provient du naturalisme d'après Petitot[30]. Lévi-Strauss et Gould ont lu tous les deux l'ouvrage de d'Arcy Thompson «On growth and form» de 1917, et ce dernier a fourni à chacun l'intuition structuraliste qu'ils ont développée par la suite. D'Arcy

---

[29]Izard M. & Lenclud G. «Structuralisme» in Tort (1996) Dictionnaire du Darwinisme et de l'Evolution. 4862p.
[30]http://www.crea.polytechnique.fr/JeanPetitot/ArticlesPDF/Petitot_CLS_Critique.pdf

Thompson lui-même est un continuateur de cette tradition à la suite de Goethe ou Dürer comme le dit Petitot.

«Il fallut attendre le développement de la cybernétique pour que la notion de système soit réintégrée dans la pensée scientifique»[31]. Les sciences humaines auraient acquis leur caractère véritablement scientifique dans ce contexte, accompagné par la mathématisation et la modélisation. On oppose le structuralisme à l'historicisme ou au fonctionnalisme par le fait qu'il amènerait une méthode plus scientifique. D'après Izard et Leclud, «pour Lévi-Strauss, le but ultime de l'anthropologie ne saurait être de dresser un catalogue des variations culturelles aux fins d'y introduire de l'ordre par la comparaison mais plutôt de contribuer à une «meilleure connaissance de la pensée objective et de ses mécanismes»».[32] Ce que recherche Lévi-Strauss est «ce qu'il y a d'invariant derrière la variabilité» insiste Pouillon, il ne s'agit pas en l'occurrence de rassembler la variabilité sous une valeur moyenne et de décrire ensuite cette moyenne comme caractéristique de la population étudiée, il s'agit au contraire de chercher au-delà de cette variabilité ses contraintes, ses limites. La variabilité s'inscrit dans des limites qui sont liées à la structure qui elle est mentale, donc d'un autre ordre que la variabilité elle-même. De la même façon que l'étude des mouvements permet de repérer les limites et les contraintes de la structure osseuse, la variabilité des mouvements n'est pas intéressante dans ses aspects statistiques, mais dans ces aspects divers et limites qui permettent de comprendre ce qu'il y a au-delà du

---

[31]Boudon R (1993) " Structure dans les sciences humaines ", in Encycl. Universalis
[32]Cité par Izard et Lenclud (1991) " Structuralisme ", in Pierre Bonte Pierre, Michel Izard, Dictionnaire de l'ethnologie et de l'anthropologie, Paris, PUF, pp. 712-713.

mouvement. «Le structuralisme a pour but le problème de la pluralité des versions, non de la supprimer» note Pouillon, ce qui implique que l'analyse de la variabilité ne se fait pas sur le mode statistique et des mesures de fréquence, parce que ces dernières ne permettent pas de comprendre ce qui limite cette variabilité. Les contraintes, les enceintes et le projet structuraliste vise à déceler une architecture interne aux objets (sociétés, populations...) alors que l'analyse de fréquence et la caractérisation de tendances moyennes et de modes décèle plutôt des régularités d'expression liées aux milieux, aux conditions, donc externes.

La méthode structuraliste de Lévi-Strauss n'a donc pas précisément de lien avec la recherche essentialiste, parce que la notion de structure chez Lévi-Strauss est traitée comme forme dynamique en développement, «totalité morphodynamiquement (auto)-organisées et (auto)-régulées» précise Petitot. Ce qui éloigne le structuralisme de Lévi-Strauss et de sa lignée phylétique d'une perspective formaliste, statique. La structure ne se réduit pas au système, elle est une théorie du système en transformation comme le dit lui-même Lévi-Strauss : «La notion de transformation est inhérente à l'analyse structurale. Je dirais même que toutes les erreurs, tous les abus commis sur ou avec la notion de structure proviennent du fait que leurs auteurs n'ont pas compris qu'il est impossible de la concevoir séparée de la notion de transformation. La structure ne se réduit pas au système: ensemble composé d'éléments et des relations qui les unissent. Pour qu'on puisse parler de structure, il faut qu'entre les éléments et les relations de plusieurs ensembles apparaissent des rapports invariants, tels qu'on puisse passer d'un ensemble à l'autre au moyen d'une transformation.»[33]

Cette nouvelle définition de la structure qui s'oppose à la définition classique[34] (et ce n'est pas forcément une bonne option étant donné les risques d'interprétation que cela peut engendrer), formalisante, mathématique correspond plutôt à une morphogenèse et que l'aspect transformation est essentiel. Petitot parle de morphodynamique. Cette nouvelle approche permet de concilier l'idée de système avec celle d'évolution en quelque sorte. Elle évite le paradoxe du à l'idée de système stable par définition puisque organisé, qui ne peut évoluer qu'en passant par un saut quantique.

Du point de vue de la méthode, si la mise en évidence de structures, de modèles heuristiques semblent féconds, qu'a-t-elle de plus scientifique que l'analyse historique? Le fonctionnalisme est un refus de l'histoire comme le dit Lenclud parce que l'anthropologie doit être une science, «ce que ne saurait être l'histoire vue comme un savoir non déterministe et non généralisant». Certes le modèle a été mis en place contre l'évolutionnisme en tant qu'historicisme ou le modèle écologiste fonctionnaliste et l'on comprend les ressorts idéologiques qui ont nécessité sa mise en place. Cependant nous considérons que la seule mise en évidence de régularités et de lois ne constitue pas le projet scientifique. Le projet scientifique ne se réduit pas à sa seule version physicaliste. La seule généralisation n'est pas pour nous une preuve suffisante de la scientificité des analyses. Nous défendrons le long de ce travail une

---

[33]Lévi-Strauss & Eribon (1988) De près et de loin, Paris, Odile Jacob, p. 159.
[34]Pouillon (2002) Le structuralisme aujourd'hui. L'Homme, 164, pp. 9-16.

approche pluraliste qui s'applique également au projet scientifique. Divers approches non réductionnistes peuvent être nécessaires pour considérer un problème sous divers angles. Suivant Gould[35] sur ce point, nous considérons que l'évolution est un problème relevant de ce pluralisme, «a long line of thinkers including Darwin himself». De fait nous défendons la réhabilitation de l'histoire comme cadre d'interprétation mais pas contre un projet scientifique car la compréhension des phénomènes évolutifs implique d'inclure l'histoire comme donnée. L'analyse des phénomènes peut ne pas permettre la généralisation sans que pour autant la méthode d'analyse ne soit pas scientifique.

Nous montrerons donc que l'histoire, le particularisme local, le fonctionnement local peuvent également être féconds mais pas forcément généralisables. Le système qui peut être mis en évidence pour une zone géographique donnée, un groupe social donné... peut ne pas être généralisable aux groupes voisins ou à des environnements équivalents. Un système n'est pas forcément une loi! Il est contingent. Si tel est le sens du renouvellement de la méthode en anthropologie, que toute science qui se pense telle doit réfléchir comme les mathématiques ou la physique à la recherche de lois fondamentales ou de constantes, nous nous inscrivons en faux par rapport à cela. Le projet structuraliste de Lévi-Strauss en intégrant la possibilité, la capacité d'évolution du système, en revanche permet d'intégrer la dimension historique. Le paradoxe n'est alors que sémantique, puisque le projet structuraliste morphodynamique est un projet historien (au sens où il inclut l'histoire) mais contre les abus de l'historicisme. «Ce

---

[35] Gould (1997) Evolution: the pleasures of pluralism. The New York Review of Books, 26th June, pp. 47-52.

n'est pas l'histoire que met en doute le structuralisme, c'est l'idée (…) que l'histoire pourrait seulement être celle du changement, parce que le changement toujours serait continu» comme le dit Pouillon, ce qui n'est pas sans rappeler la critique évolutionniste de Gould, entre autres, du mode anagénétique du changement par l'introduction de l'équilibre ponctué[36]. L'évolution peut avoir des moments de stase, qui correspondent en fait au maintien de l'identité des «objets» étudiés (sociétés ou espèces) dans le temps. La critique du changement continu est celle du gradualisme de Lyell, puis de Darwin. Gradualisme qui lui-même était une critique renvoyée aux théories catastrophistes dont les fondements étaient remis en cause ainsi que leur logique générale d'explication des phénomènes. Le catastrophisme s'accordait bien avec les théories fixistes voire créationnistes, en permettant d'expliquer comment se renouvelaient les faunes. Le gradualisme lui opposait l'explication de l'évolution biologique, une théorie du changement et non pas du remplacement. La difficulté épistémologique de tous ces systèmes est fondamentalement liée à la compréhension et à l'explication du changement. On peut alors se poser la question structuraliste de savoir si cette opposition constance/changement n'est pas liée à des contraintes ou des enceintes mentales qui ne permettent pas d'apprécier la vraie nature du changement et de l'évolution des phénomènes.

D'ailleurs on parle souvent de naturalisme, des sciences naturelles qui seraient comme la physique ou les mathématiques basées sur des déterminations strictes ce qui

---

[36]Eldredge & Gould (1972) Punctuated equilibria: an alternative to phyletic gradualism. In Schopf, Thomas J.M. (ed.) Models in Paleobiology, Freeman, Cooper and Compagny, San Francisco, pp. 82-115.

est particulièrement réducteur pour l'analyse des systèmes naturels. De là la dichotomie handicapante entre les sciences naturelles et les sciences humaines. Un certain nombre de systèmes naturels devraient en faits être pensés avec les méthodes des sciences humaines, notamment avec une perspective historienne. C'est le cas par exemple lorsqu'on étudie l'évolution d'une lignée particulière. Nous défendons l'idée que la compréhension des phénomènes évolutifs doit principalement se faire au sein des phyla. C'est à dire dans la perspective historienne de la lignée concernée. Si les travaux en évolution utilisent bien souvent la méthode comparative (qui peut être très efficace, là n'est pas le problème) et l'analyse synchronique, nous pensons qu'il est important de mesurer l'évolution aussi (et nous insistons sur ce aussi dans une perspective pluraliste) de façon diachronique, ce qui pourrait parfois éviter les déboires comparatistes comme les dérives sociobiologistes.

Comme le rappelle Pouillon l'anthropologie n'a pas le même matériau d'étude que l'histoire (en tant que discipline), puisqu'elle ne peut appréhender le passé à partir de documents qu'elle n'a pas. Cette anthropologie-là, qui étudie les sociétés qui lui sont contemporaines, ne peut donc guère fournir d'éléments historiques. En revanche, dès lors qu'elle s'adjoint l'archéologie, comme la biologie s'adjoint la paléontologie, il lui est possible de se donner une dimension temporelle qui lui permette d'aller au-delà de l'étude synchronique et donc au-delà du fonctionnalisme pur et dur pour intégrer l'histoire, en dehors, encore une fois, de toute référence évolutionniste.

Il y a dans la volonté de généraliser les modèles quelque chose de l'ordre de la métaphysique, par-delà les apparences, c'est la recherche d'un sens caché. Le projet scientifique dans sa version la plus réductionniste est-il une herméneutique de la nature? Si le but de la science est de forcer la variation à entrer dans les cadres et les modèles construits alors c'est une grande partie des phénomènes qui risque de ne pas pouvoir être analysée en terme de science. Nous prenons parti pour une démystification d'un projet scientifique à la recherche d'absolus. Selon Sahlins[37] le projet lévi-straussien de l'anthropologie en tant que science est celui de «la découverte des lois universelles de l'esprit humain sous la diversité des cultures connues (...)», projet qui vise à pouvoir définir l'homme et non les hommes, comme il le prouve en citant Rousseau «Quand on veut étudier les hommes, il faut regarder près de soi ; mais pour étudier l'homme, il faut apprendre à porter sa vue au loin ; il faut d'abord observer les différences pour découvrir les propriétés»[38]. Mais Rousseau a insisté sur le fait que «L'humanité en général est une abstraction ; ce qui existe concrètement, ce sont les cultures particulières qui impriment aux individus qui les composent la marque de leurs coutumes et de leur histoire.»

Lévi-Strauss a cherché des règles dans l'esprit humain, des règles en quelque sorte déterminées génétiquement au sens large, contraintes biologiques peut-être, conduisant à des fonctionnements similaires entre les cultures humaines. Le projet scientifique dans ce sens est un prolongement des recherches de physiologie ou d'anatomie. L'homme est défini par certains critères qui sont communs à tous les humains sans exception, sauf pathologie. Mais ces structures forment des contraintes que Lévi-Strauss nomme «enceintes». Il ne s'agit pas d'un homme moyen, au sens où l'on ferait entrer toute la variabilité dans un seul gros sac,

---

[37]http://www.ethnographiques.org/2010/Sahlins
[38]Rousseau (1781) Essai sur l'origine des langues.
http://gaisavoir.free.fr/PhiloSophie/file/rousseau_zernik.pdf

mais de définir des structures qui contraignent le fonctionnement et les possibilités qui peuvent ensuite en découler. Lévi-Strauss pense l'humain en tant que naturaliste, l'homme en tant qu'espèce avec ses caractéristiques, ses structures anatomiques, mentales. Ce qui existe ensuite concrètement comme le dit Rousseau ce sont les particularismes locaux. « (...) c'est le même cerveau qui a permis à certains d'entre nous de peindre la grotte Chauvet ou le plafond de la chapelle Sixtine» nous dit Gould.[39]

En choisissant de mettre en relation des systèmes de pensées issus d'auteurs variés et séparés dans le temps et l'espace, nous risquons toujours de nous plonger dans les dangers du raisonnement analogique, à savoir une manière d'extraire une notion d'un système de pensée global et de la voir évoluer au fil du temps à travers plusieurs auteurs. Nous allons démontrer les limites d'un tel raisonnement pour une étude telle que la nôtre.

Les historiens et les philosophes, du moins certains d'entre eux, par peur d'interprétations fausses, mettent en garde contre le raisonnement «modernisant» de la pensée des anciens. Ils mettent en avant le fait que les systèmes de pensée sont tellement éloignés entre Lucrèce, Aristote et notre époque, qu'il est quasiment impossible de saisir le sens de ce qu'ils nous ont légué. Parce que trop éloignés de nous, appartenant à des *épistémè* différentes au sens de Foucault, nous ne pouvons avoir la prétention de les comprendre parfaitement. «D'une *épistémè* à l'autre, il n'y a ni continuité ni progrès, mais rupture, [...] comme des

---

[39]Gould (ed.2006) La Structure de la Théorie de l'Evolution. Gallimard Essais, p.1279.

cristallisations symboliques toujours autres.»[40] La pensée des grecs du siècle de Périclès et de celui de Justinien n'était pas la même, «on ne lisait pas Platon au Moyen Age [...] comme on le lira à la Renaissance, ou juste avant la Guerre de 14-18.»[41] Ainsi chaque époque réinterprète les textes à sa manière avec les conceptions qui sont celles de son temps. Avec raison Canguilhem, à la suite de J.T. Clark, nous prévient de la tentation de ce virus du précurseur, et de lui préférer l'approche plus rigoureuse de l'historien qui analyse la cohérence d'un système de pensée global en relation avec son contexte. «Ce doit être une histoire des filiations conceptuelles. Mais cette filiation a un statut de discontinuité (...) À vouloir obtenir des filiations sans rupture, on confondrait toutes les valeurs, les rêves et les programmes, les pressentiments et les anticipations; on trouverait partout des précurseurs pour tout.»[42]

Cependant cette méthode a également ses limites. Poussons jusqu'à l'extrême le raisonnement: parce que les époques sont différentes, il nous est presque impossible d'en saisir l'essence sans les avoir vécues. C'est une mise à distance historique. Il est possible d'envisager que l'esprit du temps a changé à ce point qu'il est difficile de «comparer» les époques. Ainsi en est-il par exemple pour les jeunes collégiens d'aujourd'hui qui n'ont guère connu les anciens combattants du XXe et qui n'auront pas été baignés par cette «tranche d'histoire» que nous avons connue. Si des problèmes de communication peuvent s'établir entre

---

[40]Hottois (1998) De la Renaissance à la Postmodernité. DeBoeck, 2nd ed., 532p.
[41]Jerphagnon (1989) Histoire de la pensée. 1. Antiquité et Moyen Age. LP références, 539p.
[42]Canguilhem (ed.1994) Etudes d'histoire et de philosophie des sciences. Vrin, 432p.

générations, que dire lorsque les époques sont plus éloignées les unes des autres. Pourrions-nous réellement comprendre Darwin? Nous pouvons également déplacer le problème dans le champ de la psychologie. Deux êtres nés au même moment mais ayant vécu de manière différentes, ayant eu des expériences différentes voire opposées, auront développé des appareils conceptuels totalement différents. Sont-ils devenus l'un à l'autre inintelligibles? Il n'y pas deux individus identiques sur ce plan, pas même les vrais jumeaux, et pourtant il semble possible de pouvoir établir une communication, un échange d'idée, une compréhension voire une tolérance entre deux humains aussi différents soient-ils. Sans cela que reste-t-il de l'humanité?

Doit-on donc éviter toute comparaison entre des systèmes de pensée d'époques différentes, de géographies différentes, de cultures différentes? Encore, lorsque nous nous prémunissons contre tout risque «interprétatif» de nos auteurs grecs, romains ou du siècle des lumières, nous ne parlons que des penseurs de notre civilisation européenne. Si nous ne sommes pas à même de les comprendre, eux qui ont construit au fil du temps le socle culturel sur lequel nous vivons, qu'en est-il des autres civilisations? Reste à espérer que les interprétations sur l'origine unique de l'humanité soit la bonne, faute de quoi l'écart se creuserait dangereusement... Peut-être que les structures cérébrales ne seraient pas les mêmes? Pourrions-nous alors communiquer avec ces «autres»? Le projet structuraliste de Lévi-Strauss dans son fond permet de mettre l'accent sur l'héritage commun aux hommes notamment l'utilisation du langage. Actuellement la mondialisation démontre que certaines conceptions du monde ont pu s'étendre à l'ensemble des peuples par une compréhension mutuelle et les connexions intellectuelles se font dans bon nombre de domaines, notamment en sciences.

L'idée de système appliquée à la pensée d'un auteur verrouille tout autant la possibilité d'évolution que dans un autre contexte. Si la pensée d'un auteur ne peut être analysée qu'en rapport avec son contexte, c'est que l'on applique une forme d'adaptationnisme à l'épistémologie dans la mesure où la pensée d'un auteur serait en conformité avec le contexte environnemental et ne pourrait être expliquée que par ce biais. Or nous pensons, là encore sur le mode pluraliste, que la pensée d'un auteur est soumise à différentes influences dont le contexte est un élément important bien sûr, mais également la filiation et les survivances des systèmes précédents, comme autant de structures contraignantes. Le meilleur exemple qui soit dans notre domaine est celui de Darwin, confronté dans sa jeune carrière aux travaux très influents et très puissants de l'école de théologie naturelle, que Darwin a lu et qui lui ont permis de s'extasier devant les merveilles de la nature. Il a ensuite fallu qu'il s'extraie de cette forme de pensée, le paradigme adaptationniste, pour proposer ensuite sa propre vision évolutionniste. Cette renaissance est un véritable tour de force, car le paradigme adaptationniste s'oppose dans une certaine mesure à l'évolution, notamment par le problème du changement.

S'il est impossible de «pénétrer» les pensées des autres, qu'ils soient d'autres lieux, d'autres époques, d'autres cultures, gardons-nous alors de toute tentative d'interprétation. Bach n'interprétait probablement pas ses œuvres comme on le fait aujourd'hui certes, mais un mi est un mi, et l'aurait-on décalé d'un coma depuis cette époque que cela ne changerait pas grand-chose à l'ensemble. Les systèmes de pensée entre un chrétien, un musulman ou un athée sont très différents, ils sont parfois incapables de s'entendre, mais ils ne sont pas pour autant inaccessibles les uns à l'autre, passé outre la part de refus de comprendre. La logique est accessible, les arguments sont accessibles dès lors que l'usage des mots est connu. On arrive bien à se faire comprendre de nos animaux domestiques!

Il n'est donc pas vain de lire les auteurs anciens et d'en tirer des enseignements pour nos analyses actuelles. Il ne s'agit pas d'une esthétique de recherche sur des textes anciens, nous postulons qu'il est possible de les comprendre en profondeur et nous inscrivons donc contre les historiens trop prudents. Comme le dit Grimoult: «les révolutions scientifiques constituent un bouleversement du savoir, mais qui ne remet pas tout en question, auquel cas nous ne pourrions comprendre les auteurs dont le temps est séparé du nôtre par une – et *a fortiori* s'il y en a plus d'une - «coupure épistémologique».»[43] Il ne s'agit pas non plus de rechercher de vénérables ancêtres pour s'assurer du soutien institutionnel de fondateurs illustres. Il s'agit bel et bien de tenter de comprendre ce qu'en pensaient les principaux scientifiques ayant eu un quelconque intérêt pour le sujet.

L'approche historiciste (dans le sens cette fois de référence au contexte historique systématique et non pas dans le sens évolutionniste) permet de comprendre un auteur dans son époque, mais pour l'historien strict, spécialiste d'un auteur par exemple, il n'est pas besoin de mettre en relation le système de pensée du susdit auteur avec un autre, sauf s'il a été clairement établi que l'un dérive de l'autre, parce que l'un a lu l'autre et a été influencé par lui et a été «inspiré».

---

[43]Grimoult (2003) Histoire de l'histoire des sciences: historiographie de l'évolutionnisme dans le monde francophone. Droz, 309p.

Il est parfois impossible de le déterminer avec certitude et seules des conjectures peuvent être faites quant aux éventuelles parentés de ce type. Cependant cette approche nous concerne-t-elle? Etudions-nous la cohérence d'un système de pensée? Non. «La notion de précurseur est pour l'historien une notion dangereuse. Il est vrai sans doute, que les idées ont un développement *quasi* autonome, c'est-à-dire, nées dans un esprit, elles arrivent à la maturité et portent leurs fruits dans un autre, et qu'il est, de ce fait possible de faire l'histoire des problèmes et de leur solutions.» disait Koyré en 1961[44]. Les idées ont-elles cette existence indépendante? Le problème reste posé, et les dérives restent les mêmes. Il ne nous semble pas que cette manière de poser la question résolve le problème d'une quelconque manière.

Un système de pensée est constitué d'idées enchaînées les unes aux autres par une logique propre au système. Ces idées existent parce qu'elles manipulent des concepts, qui sont définis a priori ou redéfinis dans le système. Cela ne veut pas dire que ces concepts et ces idées ne peuvent être repris en partie par d'autres auteurs. Nier l'influence des auteurs précédents sur plan historique revient à nier le processus d'apprentissage, l'éducation et la formation.

Il est possible d'envisager que nous nous intéressons à la manière dont des auteurs différents ont «réagi» face à des observations ou des constatations semblables. Sauf à dire que personne n'a vu la même chose, force est de constater que les mêmes questions se sont posées à des auteurs différents et à des époques différentes. Nous comparons

---

[44]Koyré (1961) La révolution astronomique, Paris, Hermana, cité par Canguilhem (1994) Etudes d'histoire et de philosophie des sciences, Vrin, 432p.

alors leurs façons d'intégrer ces observations à leur système de pensée, ce qui suppose au préalable de connaître ces systèmes. Et même si ces systèmes sont tels qu'ils n'ont pas abouti à des conclusions voisines et que, de fait, ils ne sont pas comparables, les structures de pensée directement issues de l'observation sont les mêmes. Les interprétations seules sont différentes et éloignent les auteurs les uns des autres.

A ce point la critique pourra mettre en avant que si des interprétations diffèrent sous la pensée d'auteurs différents, alors il peut en être de même des observations elles-mêmes. Nous choisissons de considérer le réel comme existant et non pas comme une illusion, constituant ainsi notre matériau brut disponible à l'observation, seule l'interprétation de ce réel va varier d'un auteur à un autre. Ceci est peut-être un postulat structuraliste, basé sur le fait que les sens dédiés à l'observation sont les mêmes pour tous et que la forme d'un os, le comportement d'un animal peuvent être appréhendés de la même manière d'un observateur à un autre. Sans ce postulat de base, il devient totalement illusoire de vouloir faire une science inductive, puisque le matériau varie en permanence.

«Il n'y a cependant pas, quoi qu'on ait dit, d'«homme éternel», qui subsisterait toujours semblable en son fond, des cavernes aux satellites habités.»[45] Par peur de tenter la filiation d'idées sans aucune commune mesure entre elles, les philosophes prévenus par l'histoire, s'attachent à montrer que l'homme n'est pas semblable à lui-même depuis les temps reculés de l'Antiquité. «Il y a des couches chronologiques successives, peuplées de consciences diversement conditionnées, des strates qui ont chacune leur

---

[45]Jerphagnon (1989) Histoire de la pensée. Philosophies et philosophes. Tome 1: Antiquité et Moyen Âge. LP, p.36.

vérité et leurs erreurs, leur idée du possible et de l'impossible, du concevable et de l'absurde, et c'est seulement pour la commodité –ou pour le confort intellectuel- que nous englobons toutes ces consciences disparates sous le même concept d'homme. Façons de parler, bien sûr, mais qu'il faut se garder de convertir en fixisme métaphysique.» Nous souscrivons totalement à cette idée, qui refuse au fond toute velléité évolutionniste, mais nous le relativisons par l'approche structuraliste qui rappelle le rôle essentiel des contraintes, y compris sur la pensée. L'histoire de chaque époque ne s'est pas écrite sur une page blanche à chaque fois.

Il est intéressant de constater que les philosophes et les historiens travaillent dans le sens opposé des préhistoriens et des anthropologues. Si les uns s'efforcent de mettre en avant les différences d'époques et de cultures, les autres au contraire tentent de montrer que l'homme anatomiquement moderne est déjà quasiment tel qu'il est, dès le paléolithique soit 40.000 ans avant les philosophes grecs. Deux stratégies opposées pour mieux fonder en raison l'objet de leurs recherches. Il y a *l'homme* biologiquement un, qui n'a pratiquement pas changé depuis ces temps reculés et puis il y a *les hommes* qui diffèrent par leurs cultures, leurs langages. D'où peut-être les incompréhensions et les égarements de l'interprétation du structuralisme de Lévi-Strauss à la recherche des invariants et des structures. Un coup d'œil trop rapide peut faire penser qu'il s'agit là d'une recherche de l'universel et de la constance. Il ne s'agit que de trouver des structures qui restreignent les possibilités et parmi elles, les structures biologiques comme les structures sociales ont un rôle majeur.

La crainte d'une *philosophia perennis* est basée sur cette idée de pluralisme de l'humanité. S'il n'y a pas d'homme éternel, si les idées évoluent selon les époques, alors que faire de la mise en garde de Simplicius qui écrivait à la fin de l'Empire Romain qu'Aristote n'avait pas compris Parménide, lui ayant appliqué sa propre logique... La critique n'est pas nouvelle, Simplicius était conscient de l'écueil. Qu'avons-nous de mieux aujourd'hui?

La crainte du virus du précurseur refuse toute forme de cheminement linéaire des idées comme une longue histoire du développement de la pensée née dans les profondeurs de l'histoire et qui se serait développée par la suite, voie unique et presque obligatoire. Il est bon de lutter contre cette tendance caricaturale, réductrice qui s'oppose à la réalité complexe et aux multiples interactions, rétroactions... bref toute la dynamique des systèmes de pensée qui sont des systèmes «vivants». Contre la linéarité, l'idée que l'histoire n'est pas progressiste, que le savoir ne s'accumule pas au fil du temps dans un mouvement vers la lumière. Nous ne sommes pas plus éclairés qu'Aristote sur ses propres écrits, nous n'avons pas acquis plus de clairvoyance, nous avons simplement l'avantage du recul historique supplémentaire. Cette mise en garde nous permet de lutter contre les réinterprétations abusives d'Aristote sur Platon, de Cicéron sur Aristote... et de nous sur Darwin.

Pour autant, on ne s'est affranchi que récemment[46] d'une forme d'évolutionnisme de la pensée lorsque l'on parlait de «miracle grec», d'un moment de la civilisation européenne où naît la philosophie véritable, où la pensée s'extirpe de ses nimbes mythiques pour voir le monde autrement, dans

---

[46]Dortier (2000) Y a-t-il eu un miracle grec? Sciences humaines, 31, pp. 6-9.

un vaste mouvement de «réveil» général de la conscience de soi, du monde... L'anthropologie a fait beaucoup pour découvrir partout chez les peuples traditionnels, des pensées complexes et élaborées, qui n'ont rien de formes primitives par rapport à nos modèles occidentaux. Nous ne sommes pas plus conscients, plus intelligents peut-être que ces lointains ancêtres. N'y a-t-il pas là une façon de juger ces prédécesseurs avec une forme de condescendance bienveillante pour ces bons sauvages d'avant la civilisation ? L'analyse des mythes n'est pas le seul moyen que nous avons de pénétrer la pensée des anciens. L'analyse de la technologie également peut apporter des indices. Devons-nous croire que tous les hommes d'aujourd'hui, engoncés dans le capitalisme mondialisé sont tous à même d'y adhérer aveuglément, sans aucun recul sur cette forme de pensée, sans esprit critique. Si une majorité peut être « endormie » dans un tel système, d'autres restent éveillés et conscients. De tous temps il y a eu, dans toutes les civilisations et tous les systèmes de pouvoir, des gens éveillés et critiques, et ce quelles que soient ces formes de pensée : philosophie, religion, mythe, science...

Le «miracle grec» est une naïve interprétation évolutionniste de la pensée humaine et toute l'histoire classique de la pensée telle qu'elle nous est présentée aujourd'hui n'est qu'une naïve interprétation évolutionniste et progressiste.

Penser différemment ne signifie pas pour autant que l'on adhère à cette trop belle histoire des idées, cheminant au travers des peuples et des langues. Pour reprendre les propos de Maurice Godelier (L'idéel et le matériel), les sciences humaines sont ancrées dans la caricature outrancière de deux thèses s'affrontant dans un éternel débat sur les rapports entre idées et réalités sociales. Les idées ne mènent pas le monde en organisant les réalités sociales, en structurant les sociétés. L'inverse n'est pas vrai non plus; les idées ne naissent pas de ces mêmes réalités sociales comme des émanations spirituelles de réalités concrètes. La réalité est un système dynamique d'échanges constants, d'interrelations étroites. Il y a une influence permanente des unes sur les autres. Cependant rien ne nous permet d'affirmer qu'un quelconque progrès intellectuel ait pu avoir lieu depuis ces temps reculés.

En fait, ce débat actuel sur l'importance que l'on peut accorder aux idées déjà présentes ou pas chez les anciens auteurs rappelle fortement la Querelle des Anciens et des Modernes du XVIIIe. Le fait de croire que tout a été dit est l'opinion des Anciens contre les Modernes qui ne pensaient pas différemment des historiens et des scientifiques actuels dans leur «modernité». Ce statut de modernes que s'accordent ces professionnels est lié à leur mainmise sur des domaines du savoir particuliers, sur des technicités qu'eux seuls sont en mesure de maîtriser parce qu'ils apportent l'éclairage nouveau, les méthodes modernes d'analyse du réel, ils sont les détenteurs des nouvelles clefs de lecture du monde et de fait les Anciens ne possédaient pas ces clefs.

Il s'agit bien là d'un trait d'appropriation du savoir et des connaissances, un capitalisme intellectuel des diverses branches du savoir, des diverses disciplines. Il faut clôturer son jardin. C'est la tour d'ivoire dans sa version moderne et déguisée. En s'accaparant la seule possibilité d'analyse vraie du réel, les modernes actuels écartent tout raisonnement analogique, reléguant toujours plus loin les pensées des Anciens, comme différentes, appartenant à d'autres temps, d'autres systèmes culturels. Il s'agit également parfois de l'éloignement dans la filiation. C'est

dans tous les cas un besoin de se définir qui ressort, de justification de sa propre existence, autojustification, démarcage. Ce retour en force de la tour d'ivoire chez les historiens trouve probablement son origine dans l'histoire même de la discipline et des difficultés qu'elle a rencontrées au cours du XXe siècle perdant le statut majeur qu'elle possédait à la fin du XIXe, au cours de décennies successives. Il en va de la survie de la discipline.
Cependant pour faire un parallèle évolutionniste une fois encore, ce n'est pas parce que des idées ont une histoire propre que cela enlève pour autant une quelconque valeur aux idées modernes, de même que notre ascendance simienne n'enlève rien à nos particularités humaines. La réaction naturelle protectionniste possède des accents psychanalytiques qui ont à voir avec une peur de la perte d'identité.

Revenons à l'idée de système de pensée. Nous avons dit que les concepts formaient les idées qui elles-mêmes formaient le système. Le système possède une structure formée par les relations qu'entretiennent les idées entre elles, elles-mêmes construites par les relations des concepts prédéfinis. Un tel système est donc un ensemble intégré, particulier à chaque auteur et c'est la raison pour laquelle, la critique philosophique et historique a raison de vouloir étudier le système pour lui-même, parce que celui-ci n'a d'existence que dans ce sens.

Pour établir une filiation des idées ou d'un système de pensée à une autre, il faut créer suffisamment de liens entre les systèmes. Il faut que la structure soit la même. Alors il est possible d'effectuer des transferts d'un système à l'autre, ces relations seront de type homologue, et la filiation sera alors vérifiée. En revanche des relations de types analogiques ne peuvent pas mettre en relation de filiation des systèmes ou des idées. Nous sommes donc d'accord avec Canguilhem, après analyse.

La représentation de la théorie de la connaissance en systèmes, n'oblitère toutefois pas complètement la possibilité d'échanges entre systèmes. C'est le fondement même de la théorie des systèmes afin que ceux-ci puissent évoluer, car ce sont des systèmes ouverts (Lemoigne, 2007) Les auteurs n'étant pas en total isolement par rapport au monde qui les entoure, des éléments passent d'un système à un autre sans relation de filiation lors de la création d'un nouveau système par exemple. Des éléments structuraux peuvent être repris, des éléments constitutifs également. Principalement ce sont les concepts qui vont être échangés de la sorte, même s'ils vont subir des évolutions propres. C'est grâce à ces concepts extraits que vont pouvoir s'élaborer de nouveaux systèmes.

En effet aucun philosophe ou historien ne peut s'arroger d'un titre de propriété sur le concept de Nature ou d'Homme. Et même si, d'un auteur à une autre, le concept subit des modifications notoires, le dialogue reste possible parce que chacun sait à peu près «de quoi ça parle». Ainsi en sera-t-il du concept d'adaptation dans notre travail.

L'une des difficultés de l'étude du système, c'est justement cette ouverture. Il est toujours plus aisé d'étudier des systèmes clos ou pensés clos, pensons aux systèmes insulaires. La délimitation de l'objet est plus aisée. La même délimitation de l'objet existe pour les taxons étudiés comme nous aurons l'occasion de le voir amplement, notamment lors des phénomènes de spéciation.

3 L'adaptation et le paradigme adaptationniste

3.1 Définitions

Tiré du latin médiéval «adaptatio» (XIIIe siècle) le mot s'est diffusé au XVIème siècle sous la plume de Rabelais. Selon le dictionnaire Furetière de 1690 c'est «l'action par laquelle on applique une chose à une autre (…) Cette comparaison est ingénieuse mais elle est mal adaptée au sujet.» «Adapter» est le mot composé de ad et aptare, soit «appliquer à». Dans le dictionnaire de l'Académie Française dédié au Roy dans sa première édition en 1694, le terme «adapter» signifie «appliquer», faire convenir une chose à une autre et il est ajouté qu'il ne se dit guère qu'en parlant de discours. Les éditions de 1762 et de 1798 indiquent que «adaptation» n'est guère en usage et il le reste encore, dans les éditions successives du dictionnaire de l'académie de 1835 et 1878. D'après une définition étendue issue du Nouveau dictionnaire de la langue française de 1860 de Louis Dochez, «adapter» signifie «ajuster à», «appliquer», «accommoder», «approprier», «rapporter à»; Ad aptos: propre à. On trouve la même définition dans le dictionnaire de Jean Charles Lavaux de 1828. Alors qu'au départ il ne s'agit que de discours, peu à peu le sens s'étend à la forme. Dans ce dernier dictionnaire «adapter un récipient au chapiteau d'une cornue». Le Littré donne l'ajustement d'une chose à une autre, sans plus. Quant au Centre National des Ressources Textuelles et Lexicales[47], il propose une définition biologique :
- l'état de ce qui est naturellement approprié

---

[47]Www.cnrtl.fr

– le processus par lequel un être ou un organe s'adapte naturellement à de nouvelles conditions d'existence avec une citation de J. Rostand tirée de «La vie et ses problèmes» (1939): «Où trouve-t-on dans la matière, ces propriétés de *régulation,* d'adaptation, d'ajustement aux circonstances, qui appartiennent aux choses vivantes?»
Et puis une définition psychologique et philosophique :
– Modification des fonctions psychiques de l'individu qui, sans altérer sa nature, le rendent apte à vivre en harmonie avec les nouvelles données de son milieu ou un nouveau milieu.
Metz[48] explique que «la langue latine a agrégé par un terme unique deux formes lexicales distinctes qui étaient en grec ancien dérivées de deux groupes sémantiques différents, quoique de consonance phonétique voisine. (…) les deux sens hérités des langages de l'Antiquité gréco-latine se recouvrent en partie: le sens de l'invention artisanale et technique, des appareils organiques, des outils, et celui de l'ordre harmonique et proportionné s'articulent l'un l'autre.»
Selon Metz l'histoire du concept d'adaptation n'est pas sans rapport avec celle du vocable. La recherche sémantique éclaire le lien existant entre l'adaptation et l'harmonie à partir des deux étymologies alternant selon les occurrences du mot dans la langue: le verbe «adapter» figure dans le français médiéval du XIIe siècle, et le substantif «adaptation» se forme vers la fin du XVe siècle sous la plume de Rabelais désignant l'action d'adopter, d'approprier ou d'ajuster. Le verbe "adaptare" en latin signifie "ajuster à" Adaptare est dérivé du "apere" dont le participe est "aptus" qui joint l'idée de convenance suivant un ajustement.

---

[48]Metz F. (1995) Les origines du concept d'adaptation physiologique. Revue philosophique de la France et de l'Etranger, n°4, pp. 463-483.

On assiste donc au cours des siècles à un élargissement de la définition vers la morphologie d'une part et vers d'autres domaines également par la suite. On retiendra l'idée d'ajustement d'une chose à une autre. La biologie en particulier va en faire un ajustement de la forme à la fonction.

L'ampleur de la définition est un problème dans la mesure où des processus aux mécanismes différents sont dénommés de la même manière. Le cas est particulièrement frappant pour l'adaptation psychologique et pour l'adaptation morphologique. Une confusion épistémologique existe du fait de l'utilisation d'un unique terme pour décrire des phénomènes analogues mais aux mécanismes différents. Par ailleurs le terme confond processus et résultats, ce qui a pour effet d'engendrer d'autres confusions comme le dit Gould: «malheureusement nous appelons d'un seul et même nom «d'adaptation» le bon état de marche d'un élément et le processus de sa création».[49]

Devillers[50] distingue en effet :

– un état structuro-fonctionnel («adaptedness» de Dobzansky)

– un processus, celui de l'acheminement évolutif vers l'état adapté actuel.

Une critique du même ordre a été adressée au concept de fonction par Leach[51] en anthropologie.

---

[49]Gould S.J. (1994 fr.) Un hérisson dans la tempête. «Le Darwinisme figé», pp. 25-54.

[50]Devillers C. (1996) Définition de « Adaptation » in Dictionnaire du darwinisme et de l'évolution. PUF 4862p.

[51]Leach (1963) cité par Lenclud in Tort (1996) Dictionnaire du Darwinisme et de l'Evolution. 4862p.

Le concept d'adaptation apparaît comme évident voire trivial, c'est un concept des plus populaires et les médias entre autres l'utilisent à tour de bras. On ne saurait discourir sur l'évolution biologique sans invoquer l'adaptation. Les plus brillantes illustrations en sont les phénomènes les plus remarquables décrits par la biologie: l'homochromie de certains caméléons, la quasi-perfection de l'aile de l'albatros ou du guépard à la course. Mais on peut se demander si la prise en considération de tels extrêmes n'oblitère pas la diversité du vivant au profit d'une vision schématique, réduite à l'image. Nous sommes souvent attirés par le sensationnel et cela a pour effet de masquer l'ensemble des phénomènes au profit des cas les plus évidents qui ne sont pour autant pas les plus fréquents forcément.

Dans sa problématique moderne il n'est pas besoin de remonter le temps avant la date officielle de l'émergence de la théorie dite «synthétique» de l'évolution, dont l'ouvrage de J.S. Huxley[52] marque l'avènement dès sa publication en 1942 sous le titre «Evolution: the modern synthesis». Le chapitre consacré à l'adaptation fixera les idées de façon assez définitive jusqu'à aujourd'hui pour la communauté des biologistes. Dans un autre ouvrage Huxley nous donne sa vision de l'adaptation comme un phénomène absolu et total:

> «[The species] They extend into every nook and cranny of the environment possible to life, from the polar regions to the equator, from hot springs not much below boiling point to the oxygenless interiors of other animals. They exploit their environment in

---

[52]Huxley Julian S.(1942) Evolution, the Modern Synthesis, New York, Harper, 645p.

> every possible way. To take only animals, there are species which feed entirely on flesh, on wood, on excrement, on nectar, on feathers, on the content of other's intestines, on one particular kind of fruit or leaf. And each and every species is adapted, often in the most astonishing fashion, to its environment and its way of life. Think of the duck's webbed feet, the camel's stomach, or the luminous organs of deep-sea fish. There is no need to multiply examples: every animal and plant is from one aspect an organized bundle of adaptations -of structure, physiology and behaviour; and the organization of the whole bundle is itself an adaptation.»[53]

Darwin a fait un usage essentiellement vernaculaire du terme, principalement en accentuant l'aspect fonctionnel. Les individus les mieux adaptés sont simplement ceux qui possèdent les variations les plus utiles pour les fonctions vitales telles que l'alimentation, la locomotion ou la reproduction. La synthèse va préciser le lien entre adaptation et sélection naturelle par l'ajout des travaux de génétique des populations. L'adaptation se mesure alors par la fitness des populations. Blondel[54] la définit comme «l'aptitude d'un organisme à exercer une fonction appropriée aux caractères de son environnement. De la qualité de cette fonction dépend la valeur sélective ou fitness de l'organisme». Ridley[55] nous propose la suivante: «l'adaptation d'un être vivant peut être considérée comme un «plan», celui de l'ensemble des propriétés qui permettent

---

[53]Huxley J.S. (1953) Evolution in action. Chatts & Windus, London, 182p.
[54]Blondel J. (1995) Biogéographie, Approche écologique et évolutive, Masson, 297p.
[55]Ridley M. (1997) Evolution Biologique, DeBoeck Université, 719p.

à cet être de survivre et de se multiplier». Williams[56], sans formaliser véritablement une définition, conçoit l'adaptation comme le produit nécessaire de la sélection naturelle. L'adaptation ne peut plus être envisagée que comme une conséquence logique et nécessaire du mécanisme de la sélection naturelle. Les individus sélectionnés sont par nature les mieux adaptés à l'environnement. Il est aisé de constater la grande divergence de ces trois définitions parmi tant d'autres: l'adaptation est selon le cas considérée comme un potentiel, comme un état de fait ou encore une conséquence. La confusion est telle qu'elle a incité Gould et Vbra[57] à proposer des définitions plus précises, ce qui les a conduits à proposer également de nouveaux termes en fonction des modalités. Ils suivent Williams sur l'idée que le terme «adaptation» doit être réservé aux caractères qui ont été mis en place par la sélection naturelle pour leur usage actuel. Ainsi des caractères qui avaient une autre fonction auparavant ou pas du tout sont nommés exaptations, ce qui permet de différencier l'origine des caractères.

L'adaptation est un concept complexe. Si Darwin considère les individus au sein des populations comme adaptés, c'est parce que ceux-ci possèdent des caractères qui leur permettent de «mieux vivre» dans leur environnement. Mais les populations elles-mêmes sont-elles adaptées? Et les espèces? Qu'est-ce qui est adapté? Les structures, les phénomènes, les organismes? Et à quoi est-ce adapté? À une fonction? À un milieu particulier? On trouvera toutes les réponses possibles dans la littérature. De l'adaptation biochimique, physiologique ou anatomique, d'adaptations

---

[56] Williams George C. (1996) Adaptation and Natural Selection, Princeton University Press, 307p.
[57] Gould & Vbra (1982) Exaptation – A missing term in the science of form. Paleobiology, 8, 1, pp. 4-15.

pour partie à l'adaptation globale, d'individuelle à des niveaux systémiques différents. Si l'adaptation ne se laisse pas facilement cerner, sa puissance conceptuelle est telle qu'elle pénètre tous les niveaux interprétatifs, c'est la raison pour laquelle nous osons porter jusqu'au rang de paradigme la pensée adaptationniste.

3.2 Différents niveaux d'adaptation

La distinction entre les effets de l'hérédité et ceux de l'ontogenèse sont encore parfois mêlés de nos jours dans les définitions de l'adaptation. Langaney[58] considère différents niveaux d'adaptation qu'il classe en réversibles et irréversibles. Bocquet,[59] reprenant globalement les acceptions de Cuénot, distingue des adaptations régulatrices de type homéostatique, des accommodations, des adaptations spécifiques, statistiques ou éthologiques. Nous ajouterons à cette liste les adaptations morphologiques, psychologiques et écologiques. Tous les niveaux de complexité sont impliqués et susceptibles de présenter des adaptations particulières: moléculaire, tissulaire, organique, physiologique, anatomique, organismique, démique, spécifique... comment est-il possible alors de repérer une adaptation? Comment ne pas céder à la tentation panadaptationniste lorsque l'on considère l'ensemble de ces facteurs?

Pour Darwin l'adaptation reste un phénomène général, essentiellement lié aux conditions du milieu, donc peu lui

---

[58]Langaney A. (1988) Les hommes : passé, présent, conditionnel. Armand Colin, 252p.
[59]Bocquet C. (1995) «Adaptation» in Encycl. Universalis. pp.251-254.

importe le niveau auquel l'adaptation s'adresse. Il met ainsi sur le même plan les caractères morphologiques et les caractères comportementaux. Si l'espèce est adaptée, cela ne se voit pas forcément comme le montre l'exemple des pics:

> «Peut-on citer un cas plus frappant d'adaptation que celui de la conformation du pic pour grimper aux troncs d'arbres (...) Dans les plaines de la Plata, où il ne pousse pas un seul arbre, on trouve une espèce de pic qui, dans toute sa structure, et même dans sa coloration, le son rauque de sa voix, son vol ondulé, démontrait clairement sa proche parenté avec notre pic commun; c'est pourtant un pic qui ne grimpe jamais aux arbres!»[60]

Darwin se méfie de la tendance adaptationniste parce qu'il met en avant la variabilité et la flexibilité de constitution des espèces. Pour lui les espèces sont adaptées globalement mais pas de manière parfaite. Certaines le sont mieux que d'autres:

> «Comme la sélection naturelle agit au moyen de la concurrence, elle n'adapte et ne perfectionne les animaux de chaque pays que relativement aux autres habitants; nous ne devons donc nullement nous étonner que les espèces d'une région quelconque, qu'on suppose, d'après la théorie ordinaire, avoir été spécialement créées et adaptées pour cette localité, soient vaincues et remplacées par des produits venant d'autres pays.»[61]

L'adaptation n'étant pas parfaite, une espèce n'est adaptée que «relativement aux autres» et non pas relativement au milieu. Une espèce n'est donc pas adaptée absolument.

---

[60]Darwin (ed.1992) L'Origine des espèces. GF-Flammarion, p. 237.
[61]Darwin (ed.1992) L'Origine des espèces. GF-Flammarion, p. 530.

Metz[62] parle du concept d'adaptation physiologique qui «correspond à un minimum de l'activité des fonctions organiques, réglées par un système coordinateur et assurant le métabolisme.» Ce concept serait selon elle apparu au lendemain de la seconde guerre mondiale.

Tout organisme vivant dans un milieu doit pouvoir «supporter des modifications légères de ses conditions d'existence» dit Bocquet; il nomme cela «adaptation régulatrice», ce qui renvoie au concept d'homéostasie. L'utilisation du terme adaptation pour la plasticité comportementale ou développementale fait appel à la définition physiologiste de l'adaptation et non pas à celle que retiennent les évolutionnistes nous dit Gould:

> « (...) il s'agit d'un sens complètement différent, celui qui est en vigueur chez les physiologistes: l'adaptation, au sens des physiologistes, est une amélioration du fonctionnement de l'organisme, qui tire parti des possibilités offertes par la norme de réaction génétiquement permise: c'est le cas, par exemple, des poumons qui deviennent plus grands chez les êtres humains habitants en altitude dans les Andes.»[63]

Or l'établissement d'une norme de réaction implique de connaître l'héritabilité des caractères jugés adaptatifs, c'est à dire qu'il faut savoir quelle est la marge de manœuvre phénotypique par rapport au génotype. La définition de l'adaptation que Gould attribue aux physiologistes est également celle des éthologues et de tous ceux qui étudient les comportements et leur mise en place (ontogénétique).

---

[62]Metz F. (1995) Les origines du concept d'adaptation physiologique. Revue philosophique de la France et de l'Etranger, n°4, pp. 463-483.
[63]Gould (ed.2006) La Structure de la Théorie de l'Evolution. Gallimard Essais, note p.1228.

Comment évaluer la norme de réaction si l'on ne connaît pas la part du déterminisme génétique. Cela reste un problème actuellement, source à notre avis de nombreuses incompréhensions et malentendus entre les diverses branches du savoir scientifique.

3.3 L'adaptation entre constance et changement

Deux grandes manières de concevoir le vivant existent selon que l'on privilégie la constance ou le changement. Cela se traduit par des modèles totalement différents et qui s'affrontent sur le plan scientifique et philosophique, ce sont des modèles épistémologiques dont nous pouvons évaluer la valeur heuristique.

3.3.1   Les modèles de la constance

Les modèles de la constance privilégient une certaine idée de la persistance d'états. Ce sont par exemple les états adaptés. Les modèles fixistes prennent leur place ici: ceux de la Théologie Naturelle, celui de Linné ou d'Aristote. Les espèces sont définies une fois pour toutes. Ces modèles fixistes n'en sont pas pour autant forcément créationnistes. Le concept d'espèce typologique développé par Linné et Lyell est parfaitement cohérent avec ce modèle de la constance et la philosophie essentialiste. Le déterminisme environnemental d'Hippocrate ou Strabon qui met en avant la parfaite correspondance entre l'organisme et le milieu implique la constance par nature. Tous les modèles systémiques entrent dans ce champ, quelque soient les niveaux de complexité, dès lors qu'un «fonctionnement» est mis en évidence.

La loi de corrélation de Cuvier est basée sur ce principe: «Chaque organisme forme un tout uni et fermé, dans lequel une partie isolée ne saurait être modifiée, sans amener des modifications dans toutes les autres parties.»[64] Dès lors que l'objet d'étude est considéré comme un système, plus ou moins fermé, intégré, son fonctionnement peut être altéré en changeant une simple pièce à l'image d'un moteur dont on aurait ôté une vis.

L'économie de la nature de Linné relève de cette manière d'envisager un fonctionnement global bien agencé: «Le souverain créateur a horreur du vide. Donc il a donné une «nature» différente aux plantes de façon à ce qu'elles puissent remplir ces lacunes».[65] Il existe, selon lui, une harmonie entre les plantes, les circonstances et les êtres habitants la région et plus loin il explique qu'il n'y a pas de véritable concurrence dans la nature, chacun y a sa place déterminée et sa nourriture propre.[66] Il admire «La providence avec laquelle l'Auteur de la nature a procuré à chaque animal un vêtement parfaitement approprié à la région qu'il habite et avec quel art la structure du corps (…) est appropriée à leur genre de vie et au genre de sol où ils vivent, de sorte qu'ils semblent destinés uniquement à leur habitat» et notamment comment «Des animaux comme l'éléphant (…) sont adaptés aux hautes forêts des Indes».[67]

Cette économie de la nature nous rappelle immédiatement la notion d'adaptation générale et les théories récentes de l'écologie. Sur le problème de la concurrence des espèces évitée par la bienveillance du créateur on pourra faire le lien

---

[64]Cuvier cité par Carus V. (1880) Histoire de la zoologie. Paris.
[65]Linné (ed.1972) L'équilibre de la Nature. Vrin, bibliothèque philosophique. p.72.
[66]Idem, p.86.
[67]Idem, p.116.

avec le mécanisme du déplacement de caractère, mais si le constat est le même les mécanismes en sont totalement différents. D'après Ridley, «Si les caractères sur lesquels porte la différence sont impliqués dans la compétition écologique, le déplacement de caractère résulte de l'avantage qu'il y a à éviter la compétition avec une espèce mieux adaptée, là où cette espèce est présente».[68] Colinvaux note par ailleurs que «Dans la nature, animaux et plantes ne sont pas engagés dans une lutte éternelle et débilitante comme une lecture superficielle de Darwin pourrait le suggérer. La nature a fait en sorte que les rivalités soient évitées»[69] de même que «un animal adapté n'est pas un animal qui se bat bien, mais un animal qui évite de combattre.» L'écologie a appelé ce phénomène la coexistence pacifique. Acot[70] dit que les fondements historiques de l'écologie sont lamarckiens et cite les travaux fondateurs de Cowles, Shelford, Elton, Tansley, Flahault, Braun-Blanquet, Raunkier qui sont tous lamarckiens. Ces fondateurs doivent leurs cadres de pensées à la biogéographie «qui s'intéresse plus à l'état adapté qu'à l'analyse des processus d'adaptation» d'après Matagne.[71] Ce dernier cite la définition de Haeckel concernant l'écologie: «Oekologie ou distribution géographique des animaux, la science de toutes les relations des organismes avec le monde extérieur, avec les conditions organiques et inorganiques de l'existence; ce qui a été nommé l'*économie de la nature*, les relations mutuelles de tous les organismes

---

[68]Ridley (1997) Evolution biologique. De Boeck & Larcier, p.412.
[69]Colinvaux P. (1982) Invitation à la science de l'écologie. Points Sciences. Seuil. 250p.
[70]Acot P. (1997) The lamarckian craddle of scientific ecology. Acta Biotheoretica. 45. pp. 185-193.
[71]Matagne P. (2003) Aux origines de l'écologie. Innovations, cahiers d'économie de l'innovation, 18, pp. 27-42.

qui vivent dans une seule et même place, leur adaptation aux circonstances environnementales.»[72] On trouve également chez Lyell[73] une grande conscience des réseaux d'interactions des espèces entre elles.

Parmi les modèles de la constance, on trouve aussi tous les modèles physiologiques et des adaptations régulatrices. La notion d'homéostasie réfère à cette capacité de la structure (organe, organisme, population...) à s'autoréguler, lui permettant de se maintenir relativement constante dans un milieu variable. Par les boucles de régulations les informations provenant de l'environnement permettent en permanence d'ajuster le système pour le maintien d'un certain équilibre. Cette notion d'équilibre se retrouve aussi bien en physiologie qu'en écologie. Claude Bernard en a fait un élément clef de sa physiologie:

> «Ainsi l'être vivant ne constitue pas une exception à la grande harmonie naturelle qui fait que les choses s'adaptent les unes aux autres», «la vie résulte d'un conflit, d'une relation étroite et harmonique entre les conditions extérieures et la constitution préétablie de l'organisme. Ce n'est point par une lutte contre les conditions cosmiques que l'organisme se développe et se maintient; c'est, tout au contraire, par une adaptation, un accord avec celles-ci.»[74]

Le terme «homéostasie» a été forgé par Cannon dans un ouvrage intitulé «The wisdom of the body» que l'on traduit

---

[72]Acot cite Haeckel E.(1868) Natürliche Schöpfungsgeschichte. Berlin, (traduction de l'auteur).
[73]Lyell C. (1830) Principes de géologie. Tome II.
[74]Bernard C. (1883) Leçons sur les phénomènes de la vie communs aux animaux et aux végétaux. 2ème leçon : les trois formes de la vie. Tome premier. 2nd édition.404p.

par «Sagesse du corps». L'idée d'harmonie et de sagesse, de tempérance (tampon) est associée à cette notion d'homéostasie.

Existe-t-il un ou des liens entre toutes ces figures de la constance? Existe-t-il des philosophies de la constance ou de l'invariance?

Glacken[75] a proposé un lien avec les milieux conservateurs anglo-saxons et le protestantisme. C'est une hypothèse intéressante en ce qui concerne Linné ou Lyell par exemple qui ont bénéficié d'une telle éducation religieuse. La philosophie de Leibniz a été influente également notamment le «natura non facit saltum» qui résume un principe de continuité, de solidarité des parties en un tout: la monade est singulière, identique à aucune autre; chaque organisme vivant, chaque personne exprimant une monade; chaque monade reflète l'univers dans son entier. Son principe de l'invariance permet la sauvegarde de l'identité. Chez Cuvier[76] les rapports de corrélation sont constants: «Tout être organisé forme un ensemble, un système clos et unique (...)»

Parmi les exemples de discours sur l'ordre dans la nature, il est certains auteurs qui ont particulièrement contribué à sa propagande. C'est le cas de Cuvier et notamment de sa loi de corrélation. Les pièces (les organes) sont tellement «dépendants» les uns des autres et tellement ajustés les uns aux autres, que le système organique est totalement organisé. Tout changement ici entraîne des remaniements ailleurs. Cette véritable loi pour Cuvier l'a conduit à garder

---

[75]Voir les travaux de Mark Stoll.
[76]Cuvier Georges (ed.1992) Discours préliminaire aux recherches sur les ossements fossiles de quadrupèdes. GF-Flammarion, 189p.

des positions fixistes. Et Limoges[77] de commenter: «le maintien de la perfection de l'adaptation des organismes verrouillait nécessairement toute la théorie biologique sur le fixisme.» Si l'on suppose en effet, comme le fait Cuvier, qu'aucun changement ne peut intervenir de manière indépendante (comme on le considère pourtant aujourd'hui avec l'idée d'évolution mosaïque), il apparaît alors bien difficile d'envisager des êtres intermédiaires comme Charles Bonnet l'envisageait. Cuvier critiquait à l'époque avec vigueur les convictions de Bonnet et ne pouvait donc envisager aucune espèce d'évolution. Dans son discours préliminaire, il dit que: «Tout être organisé forme un ensemble, un système clos et unique (…)»[78] L'animal est un tout, totalité intégrée. Cette idée de perfection dont parle Limoges est très claire chez Cuvier et semble liée à un type idéal, un archétype, complet, voire complexe. Pour Cuvier, les variations observées chez les espèces, dans la considération des races et des variétés, dépend de l'observation de caractères dits superficiels, à savoir n'ayant pas d'incidence sur l'anatomie des os et des organes. D'ailleurs il semble considérer de même que,

> «(…) ces changements sont bornés aux espèces qui vivent en domesticité; car dans l'état naturel, chaque animal habitant constamment les lieux qui lui conviennent le plus sous tous rapports; les variétés qui peuvent survenir dans les caractères sont extrêmement rares; et d'ailleurs elles sont promptement détruites par le croisement avec des individus qui n'ont rien d'anormal».

---

[77]Limoges C. (1970) La sélection naturelle. Paris Puf, pp. 44-45.
[78]Cuvier Georges (ed.1992) Discours préliminaire aux recherches sur les ossements fossiles de quadrupèdes. GF-Flammarion, 189p.

En cela il pose ce qui deviendra plus tard sous la plume des généticiens, l'idée de la génération du même et de la conservation des caractères sur un plan statistique populationnel. Donc chez Cuvier l'on voit bien comment se structure l'idée de l'ordre dans la nature. Il en fait bon usage en développant l'anatomie comparée basée sur ces fameuses lois de corrélation dont l'invariance permet la détermination des espèces. Il étend de même ce principe ordonnateur à l'écologie des animaux: «Il paroît que dans le principe chaque espèce d'animal et même de plante, n'existoit que dans une contrée déterminée, d'où elle s'est répandue selon les moyens que sa conformation lui donnoit. Encore aujourd'hui plusieurs d'entre elles semblent avoir été bornées autour de semblables centres originaires, ou par des températures qu'elles n'ont pu supporter, ou par des montagnes qu'elles n'ont pu franchir etc… Les variétés de chacune ont dû être d'autant plus fortes et plus nombreuses, que les circonstances des lieux ou de sa nature lui ont permis de s'étendre plus loin.»[79]

Les espèces sont là où elles doivent être et ne peuvent biologiquement pas se trouver ailleurs. Cela peut paraître un truisme mais il verrouille tout le système biologique.

Pellegrin situe d'ailleurs Cuvier dans la tradition aristotélicienne par son usage de l'anatomie comparée: «La nature ne fait rien en vain ni rien de superflu»[80] «ni ne néglige quoi que ce soit de nécessaire»[81] car elle produit toujours «le meilleur avec ce dont elle dispose»[82], ce qui est assez voisin de la philosophie leibnizienne. L'idée

---

[79] Cuvier Introduction du Tableau Elémentaire.
[80] Aristote Les parties des animaux. L.III, I.
[81] Aristote De l'âme. III, 9, 432b.
[82] Aristote Les parties des animaux. L.II, XIV.

d'équilibre chez Aristote est exprimée ainsi: «Car en tout la nature ôte d'un côté ce qu'elle donne de l'autre».[83]

Les modèles de description de la nature dans cette tradition, sont d'essence platonicienne. Ils conduisent à la description de systèmes intégrés qui ont tendance à être fermés et maquant de souplesse. Ils verrouillent rapidement lorsqu'ils sont appliqués sans prudence, toute possibilité d'évolution du système. La typologie à l'origine de nombreuses descriptions scientifiques, en paléontologie, en zoologie, ou en préhistoire par exemple, et qui n'est au départ qu'un outil de recherche visant à mettre un peu d'ordre dans les observations, devient rapidement un but en soi et un modèle descriptif. C'est oublier la précaution et préoccupation constante de Darwin à propos de la variabilité et comment celle-ci peut-être à l'origine du changement justement. C'est dans ce sens que les disciplines perdent de vue l'objet de leurs recherches, lorsqu'elles vont trop loin dans la systématisation, idéalisant leurs objets comme s'il s'agissait de mathématiques.

3.3.2 Modèles du changement

Les modèles du changement sont à l'inverse des modèles qui ne pensent pas l'invariance. Le concept typologique d'espèce par exemple trouve dans le modèle du changement son pendant: l'espèce n'existe pas à la limite. Cuénot[84] rappelle que pour Lamarck les divisions taxonomiques ne sont pas des réalités. D'après Lamarck:

> «La Nature n'a réellement formé ni classes, ni ordres, ni familles, ni genres, ni espèces constantes mais seulement des individus qui se succèdent les uns aux

---

[83]Idem.
[84]Cuénot L. (1936) L'espèce. Doin & Cie. 381p.

autres et qui ressemblent à ceux qui les ont produit»[85] et «les espèces n'ont réellement qu'une constance relative à la durée des circonstances dans lesquelles se sont trouvés tous les individus qui les représentent (...)»[86]

L'adaptation en tant que processus permet aux individus de s'ajuster aux conditions changeantes, mais rappelons que Lamarck n'emploie pas le terme d'adaptation. Cependant le processus de changement est individuel. Le terme d'acclimatement nous dit Bertillon sert à désigner «la révolution spontanée par laquelle l'organisme, transporté dans un climat nouveau, se met, en harmonie avec de nouvelles conditions fonctionnelles.»[87] Le terme d'acclimatation en revanche désigne uniquement le rôle de l'activité humaine dans l'acclimatement. L'acclimatement permet un retour à des conditions d'équilibre mais contrairement à l'homéostasie, ces conditions sont différentes de celles de départ. Si l'on parle en termes de systèmes, on dit qu'on a atteint une nouvelle configuration. La notion d'accommodation semble devoir être différenciée de celle d'acclimatement par les mécanismes différents qui les sous-tendent (aspect d'héritabilité).

---

[85]Lamarck J.B. Discours d'ouverture de l'an XI.
[86]Lamarck J.B. (1809) Philosophie zoologique.
[87]Bertillon (1876) Dictionnaire encyclopédique des sciences médicales de Deschambre.Paris.

4   Émergence d'un paradigme

4.1 Le déterminisme environnemental

L'histoire de la science du vivant depuis l'antiquité, histoire au sens large incluant l'histoire naturelle (sans chercher à préciser les limites historiques de ces acceptions), nous éclaire sur l'émergence de la pensée de l'adaptation. Conscients de l'écueil du "précurseur" que fustigeait Canguilhem, nous ne chercherons pas à retracer une phylogenèse du concept d'adaptation. Cependant l'analyse montre que l'émergence de cette notion est étroitement liée à des conceptions qui lui préexistaient et dont elle s'est imprégnée. Si le terme d'adaptation est récent dans son acception biologique -il n'est en effet employé dans ce sens qu'à la fin du XIXe siècle- il n'en reste pas moins que le débat sur les rapports des organismes à leur milieu (et de l'homme en particulier) est bien plus ancien : c'est celui du déterminisme environnemental. Le terme aussi est récent mais le problème est débattu depuis les penseurs grecs comme nous venons de le voir. L'idée générale du déterminisme environnemental est celle d'une corrélation plus ou moins étroite entre des facteurs physiques du milieu et des facteurs biologiques des êtres qui peuplent ce milieu. C'est une de ces idées persistantes dans l'histoire des idées, elle revient de temps à autre sur le devant de la scène selon des modalités propres à une époque, un contexte épistémique. Elle est donc un préalable conceptuel à l'idée d'adaptation. L'homme est étudié dans ses rapports aux climats (terme générique) dans une perspective géographique. Les premières «traces» du déterminisme environnemental peuvent être décelées dans les travaux de l'école hippocratique qui pensait «que le climat et d'autres facteurs régionaux étaient responsables des différences entre individus habitant des lieux distincts.»[88] Voici l'opinion d'Hippocrate[89]:

> «Car là où les changements de saisons sont les plus fréquents et où les saisons diffèrent le plus entre elles, dans ce lieu vous trouverez que les corps les mœurs et les natures différente plus. Voilà donc ce qui cause les plus grandes différences que connaisse la nature [humaine]. Viennent ensuite le pays dans lequel on se nourrit, et les eaux. De fait, vous trouverez en règle générale, qu'à la nature du pays se conforment et le physique et le moral des habitants.»

Dans cette optique, la correspondance est géographique, physique, matérialiste. Elle ne relève d'aucun plan particulier et semble relever de l'influence directe du milieu sur les êtres vivants. C'est une interprétation que fait l'école d'Hippocrate de manière empirique et sur la base d'observations. Ce genre d'interprétation se retrouve dans des écrits beaucoup plus récents: «Une analyse approfondie montre que les caractères anthropométriques, outre ceux de la surface et de la structure générale du corps, sont influencés par la température de l'environnement; ils sont par conséquent sensibles au climat, en particulier à la latitude, tandis que les gènes le sont beaucoup moins. Les caractères anthropométriques nous montrent donc l'action sélective des climats différents auxquels ont été exposés les hommes modernes pendant leur migration sur la surface de la terre» nous dit Cavalli-Sforza[90] qui se base

---

[88] Mayr E. (ed.1989) Histoire de la biologie, T.1, LP, p.419.
[89] Hippocrate Airs, Eaux, Lieux
[90] Cavalli-Sforza (1996) Gènes, Peuples et Langues. Collège de France ed., p.113.

principalement sur une étude qu'il avait menée en 1963 à partir de sources hétérogènes. La base de son argumentation s'appuie ensuite sur les travaux de Howells. Dans un premier temps[91], Howells étudie les mesures crâniennes de 17 populations, données qu'il a lui-même récoltées. Dans une seconde phase, il a calculé des indices de la forme du crâne et il apparaît que celle-ci est également en relation avec le climat: «le crâne facial mongol, avec le visage large et comme écrasé rentré sur lui-même, est l'expression d'une adaptation à des climats froids, une face privée d'appendices proéminents aide en effet à se défendre contre le froid excessif. Sous des climats chauds, il est utile d'avoir en revanche un visage saillant, allongé: c'est le prognathisme classique des africains, guère différent de celui que l'on rencontre dans d'autres zones tropicales en Asie du Sud-Est et en Nouvelle Guinée».[92]

Cette correspondance des structures anatomiques aux paramètres physiques du milieu est du même type que celle du déterminisme environnemental. Elle relève cependant d'une explication adaptationniste chez Howells et Cavalli-Sforza, ce qui n'est pas le cas bien évidemment pour Hippocrate. Ce sont donc les mécanismes qui diffèrent, encore que chez Hippocrate ils ne soient pas expliqués. L'explication du nez comme correspondant (adapté en l'occurrence) à un climat froid est critiquée par Heim[93]

---

[91] Howells W.W. (1973) Cranial variation in man a study by multivariate analysis of patterns of diffences among human populations.
Pap.Peabody Mus.Archaeol.Ethnol.Harv.Univ., 671, pp.1-259.
[92] Howells W.W. (1989) Skull shapes and the map: craniometric analysis in the dispersion of modern homo. Pap.Peabody Mus.Archaeol.Ethnol.Harv.Univ. vol 79, pp 1-189.
[93] Heim J.L. (1997) Ce que nous dit le nez des néandertaliens. La recherche, 294, pp. 66-70.

contre Schwartz et Tattersall[94] et il propose une hypothèse biomécanique: la largeur nasale des néandertaliens correspondrait au contraire à un climat tropical si l'on prend l'homme actuel comme référence. Le rétrécissement de l'ouverture nasale s'observe en effet chez l'homme actuel dans des populations vivant en milieu froid et sec.

Nous aurions pu placer cet exemple dans la discussion sur les limites de l'adaptationnisme dans laquelle il aurait parfaitement trouvé sa place, mais il constitue ici une bonne introduction à la compréhension ou l'interprétation d'une apparente correspondance entre le milieu et les caractères biologiques des organismes.

A côté de la correspondance sur laquelle on reviendra tout au long de ce travail, le rôle actif du milieu et notamment du climat sur les organismes est une façon particulière d'expliquer la correspondance. Quelques auteurs anciens se rattachent à cette manière de voir. C'est ce que Pline l'Ancien nomme la «cause céleste»[95] : «il faut rattacher à ces faits ceux qui dépendent de causes célestes: il est hors de doute que les Ethiopiens sont rôtis par la radiation de l'astre tout proche et ont en naissant l'air brûlé du soleil que leur barbe et leurs cheveux sont crépus, tandis que dans la zone contraire les races ont la peau blanche et glacée, avec de longs cheveux blonds; le froid raide rend ces derniers sauvages, sa mobilité rend les autres sages; et leurs jambes même fournissent la preuve que chez les uns l'action de la radiation solaire attire les sucs dans le haut du corps et que chez les autres ils sont refoulés dans les parties inférieures

---

[94] Schwartz J.H. & Tattersall I. (1996) Significance of some previously unrecognized apomorphies in the nasal region of Homo neanderthalensis. Proc. Natl. Acad. Sci. USA, 93, pp. 10852-10854.
[95] Pline l'Ancien (ed.1950) Livre II, Ed. Belles lettres.

par la chute des liquides. Dans la région glaciale on rencontre des bêtes pesantes, dans l'autre des animaux de formes variées, et surtout de nombreuses espèces d'oiseaux dont le feu céleste accélère la vitesse.» Le rôle du soleil en particulier constitue pour ces auteurs un élément important. Ptolémée[96] va plus loin encore: «les gens qui vivent sous les parallèles les plus méridionaux (…) ont le soleil au zénith: en conséquence, ils sont complètement brûlés, ont la peau noire, des cheveux crépus, l'air ratatiné, une taille médiocre, un naturel ardent et des mœurs généralement sauvages, étant donné la chaleur perpétuellement torride qui pèse sur les habitants de ces climats (…)». Au contraire, les gens des régions septentrionales sont «complètement transis; mais comme ils bénéficient d'un excès d'humidité, facteur fertilisant (…), ils ont le teint blanc, les cheveux lisses, sont grands, bien en chair, et d'un naturel assez froid; ils ont eux aussi des mœurs sauvages, vu le froid glacial qui règne continuellement sur ces latitudes.» D'un point de vue plus zoologique, Aristote[97] note la présence de vivipares de grande taille dans les régions chaudes et sèches (ce qui n'est pas sans rappeler la règle écologique de Bergmann[98]) et notamment à propos des poils: «les poils se différencient également en fonction des lieux, plus chauds ou plus froids; ainsi les poils des hommes sont-ils secs dans les pays chauds, mous dans les pays froids».

Aujac rapporte que le teint noir et les cheveux crépus des Ethiopiens était dus aux vertus de l'eau selon Onésicrite d'Astypalaea qui critiquait en cela Théodecte de Phasélis

---

[96] Ptolémée Tétrabible II, II.
[97] Aristote Les Parties des Animaux (trad. Pierre Louis) Ed. Belles Lettres 1956.
[98] Bergmann Karl (1847) Über die Verhältnisse der wärmeökonomie der Thiere zu ihrer Grösse. Göttinger Studien 3 (1): 595-708.

pour qui le soleil était responsable: «La chaleur n'en est point cause car elle ne peut s'appliquer aux enfants dans le sein de leur mère que les rayons du soleil n'atteignent pas»[99]. Strabon, sans prendre parti sur la question de couleur admet que le soleil et la brûlure qu'il engendre peuvent transformer les caractères physiques, desséchant fortement la surface de la peau, faisant se recroqueviller les cheveux. Il présente cependant une opinion beaucoup plus nuancée sur ces aspects déterministes: «Au reste les distributions dans ce domaine ne sont pas l'effet d'un plan préétabli, pas plus d'ailleurs que les caractères particuliers à chaque race, ou les langues diverses; elles sont plutôt dues au hasard et à un coup de chance.»[100] L'observation d'une corrélation entre les caractères physiques des peuples et les caractéristiques de l'environnement n'implique donc pas une cause unique. Le déterminisme environnemental, que nous considérons comme l'influence directe des facteurs du milieu comme dans le cas de l'ensoleillement, n'implique pas que tous les éléments doivent être expliqués par ce biais. Certains caractères, selon Strabon semblent être causés par les facteurs du milieu, d'autres non et sont simplement dus à une répartition géographique au hasard.

Le déterminisme environnemental va parfois très loin, notamment lorsqu'il dépasse la sphère de l'apparence physique et qu'il s'attaque aux mœurs et aux caractères psychiques. Pline l'Ancien[101] dit à propos de l'Inde: «le fait est que nombre d'indigènes dépassent la taille de cinq coudées, ne crachent jamais, n'ont jamais mal à la tête, aux dents, ou aux yeux, rarement en d'autres parties du corps: si heureux est le régime solaire qui leur vaut cet

---

[99] Strabon, XV, 1, 24.
[100] Strabon II, 3, 7.
[101] Pline l'Ancien Livre VII

endurcissement.» De plus les observations réelles sont rares et les commentaires ne sont pas toujours basés sur des éléments fiables. Plutarque cite Asclépiade: «Asclépiade dit que les Ethiopiens vieillissent rapidement à l'âge de trente ans parce que la chaleur torride du soleil échauffe exagérément le corps; en revanche, en Bretagne, les hommes vieillissent jusqu'à cent vingt ans parce qu'il s'agit de régions froides et qu'ils abritent en eux l'élément igné.» Les commentaires se font déjà sur des observations rapportées. D'après Pline l'Ancien, la puissance des éléments semble être la cause de réactions marquées par les conditions «extrêmes», quant aux zones intermédiaires, elles bénéficient de conditions également intermédiaires et de fait beaucoup plus favorables: «les terres y sont fertiles en produits de toutes sortes, la taille des êtres mesurée, avec une juste proportion même dans la couleur de la peau; les mœurs y sont douces, le jugement clair, l'intelligence féconde et capable d'embrasser la nature tout entière; en outre, ces races détiennent des empires que n'ont jamais possédé celles des régions extrêmes; en revanche mêmes ces dernières ne leur ont pas été soumises, mais détachées du reste du monde, elles sont vouées à la solitude par les excès de la nature.»[102] Concernant ces zones tempérées, Ptolémée fait lui aussi appel à la mesure: «ils ont donc un teint normal, une taille moyenne, un naturel modéré, un habitat dense et des mœurs civilisées»[103]. La géographie de Ptolémée délimite les caractéristiques des peuples en grande partie grâce aux parallèles et à leur situation par rapport au cercle terrestre médian, soit la latitude.

Strabon est beaucoup plus prudent: «(…) le savoir pratique, les facultés, le style de vie, une fois les bases posées, se

---

[102] Pline l'Ancien Livre II
[103] Ptolémée, Tetrabiblos, II, 2.

développent la plupart du temps sous n'importe quelle latitude, quelquefois même à l'encontre de la latitude; aussi parmi les caractéristiques d'un pays, les unes viennent-elles de la nature, les autres de la coutume et de l'entraînement. Ce n'est pas par nature que les Athéniens aiment le beau langage, contrairement aux Lacédémoniens ou même à d'aussi proches voisins que les Thébains, mais plutôt par habitude; ce n'est pas par nature non plus que les Babyloniens et les Egyptiens sont philosophes, mais par entraînement et par habitude (…)»[104] Strabon lutte donc ici contre les approches trop marquées du déterminisme environnemental. On retrouve dans ce débat général, les difficultés d'appréciation de la part de liberté qu'ont les hommes en particulier de construire leurs propres sociétés et leurs propres mœurs. Une tentative d'explication trop mécaniste (en faisant fi de l'évident anachronisme pour l'emploi de ce terme) peut en arriver à des déterminations trop puissantes et à voir des corrélations là où il n'y en a manifestement pas. L'idée que le milieu peut avoir un rôle actif sur les caractères des êtres vivants sera reprise beaucoup plus tard par De Maillet dans son Telliamed en 1755, où il évoque les hommes marins et dont se moque Cuvier[105] : «C'était, dit-il, un homme qui avait fait naufrage à huit ans et qui avait fini par recevoir des écailles (sans doute de la puissance écaillante de la mer)!». Ainsi le déterminisme environnemental va-t-il ouvrir des voies de réflexion. Partant de la simple observation, ou peut-être simplement d'une observation interprétée, vont naître des possibilités d'explication. Le rôle direct du milieu en est une, l'adaptation en tant que processus en sera une autre

---

[104] Strabon livre II, 3, 7.
[105] Cuvier Histoire des sciences naturelles depuis leur origine jusqu'à nos jours chez tous les peuples connus, Tome III, p 78.

dans l'esprit de Lamarck ou de Darwin, l'idée d'un plan préétabli en sera une autre encore.

L'idée que les conditions d'existence jouent un rôle sur les aspects culturels ou sociaux se retrouvera dans l'écologie culturelle américaine de la seconde moitié du XXe siècle, dont le principal protagoniste est l'anthropologue Steward[106] qui entend rendre compte de la dynamique des systèmes sociaux à partir des modalités de leur adaptation à l'environnement.

D'une manière générale, le climat c'est-à-dire les conditions atmosphériques, l'ensoleillement, les saisons, les eaux, la terre conditionnent un certain nombre de caractères des individus qui habitent ces lieux. Les humains sont donc différents par leur distribution géographique et non à cause de leur généalogie. C'est-à-dire que le facteur génétique n'est alors pas pris en considération (du moins à l'époque). C'est, pour généraliser, un principe d'inspiration anti-historique. Les caractères se sont «inscrits» comme dit Strabon, de la même façon que Lamarck d'ailleurs. On peut considérer que c'est une forme d'adaptation dans la mesure où les «circonstances», pour reprendre le vocable lamarckien, déterminent des morphologies, des physiologies, des couleurs de peau, des tailles...

Cette forme de pensée est véhiculée des Grecs à nos jours dans l'imagerie populaire, dans l'inconscient collectif. Qui n'a pas entendu dire que les gens du nord sont plus prompts au travail que les gens du sud et tout un tas de choses de cet acabit... Il existe une sorte d'inertie des idées, très importante, très durable. Parfois et souvent ces idées

---

[106] Steward J.H. (1955) Theory of Culture Change : the methodology of multilinear evolution, UIllinoisPress.

persistent malgré les avancées de la recherche scientifique. Ceci est à notre avis, à mettre sur le compte d'un problème de transmission des informations entre la communauté scientifique et la société. Parce que les sciences ne se mettent pas suffisamment au niveau de tout le monde pour expliciter ses résultats et ses réflexions, les idées populaires persistent parce que plus simples à partager et à comprendre. La science ne joue donc pas son rôle d'information et d'éducation.

Avec les grands voyages exploratoires des XVIIe et XVIIIe siècles, la science va se nourrir des récits de voyage qui la conforte dans ses théories. En retour, le discours des voyageurs est pénétré des conceptions en vogue d'une Europe influente. D'après Kury,[107] «ce genre d'approche rejoint le modèle médical néo-hippocratique, très influent en Europe depuis le XVIIe siècle». Les auteurs d'instructions de voyages exploratoires de l'époque antérieure à l'expédition de La Pérouse «demandent aux voyageurs de se consacrer à l'examen des influences du climat sur la constitution physique et morale des hommes». L'idée déterministe est très ancrée dans la culture européenne, «L'Esprit des Lois» de Montesquieu en est une preuve et c'est d'un véritable programme de recherches scientifiques dont il s'agit désormais. Citons Buffon[108] comme représentant de la philosophie naturaliste au XVIIIe siècle et notons comment il nuance le discours déterministe en mettant en avant le rôle de l'histoire dans la détermination des habitudes des peuples, démarche moins réductionniste. Ainsi, à propos de l'espèce humaine «qui

---

[107] Kury Lorelei Histoire naturelle et voyages scientifiques (1730-1830) L'Harmattan, 2001.
[108] Buffon G.L.L. Histoire Naturelle, Variétés dans l'espèce humaine, les nègres.

s'étant multipliée et répandue sur toute la surface de la terre a subi différents changements par l'influence du climat, par la différence de nourriture, par celle de la manière de vivre, par les maladies épidémiques et aussi par le mélange varié à l'infini des individus plus ou moins ressemblants: que d'abord ces altérations n'étaient pas si marquées, et ne produisaient que des variétés individuelles: qu'elles sont ensuite devenues plus générales, plus sensibles et plus constantes par l'action continuée de ces mêmes causes». Puis plus loin, «par la description de tous ces peuples découverts (...) il apparaît que les grandes différences, c'est-à-dire les principales variétés dépendent entièrement de l'influence du climat; on doit entendre par climat, non seulement la latitude plus ou moins élevée, mais aussi la hauteur ou la dépression des terres, leur voisinage ou leur éloignement des mers, leur situation par rapport aux vents, et surtout au vent d'est, toutes les circonstances en un mot qui concourent à former la différence de chaque contrée; car c'est de la température plus ou moins chaude ou froide, humide ou sèche, que dépend non seulement la couleur des hommes, mais l'existence même des espèces d'animaux et de plantes (...)» Rappelons au passage que Buffon était le protecteur de Lamarck et l'on décèle ici déjà la pensée du jeune élève. Buffon introduit la pensée transformiste et l'adaptation devient un processus actif; il y a moins de déterminisme au sens passif du terme. Les êtres s'adaptent aux milieux changeants et rien ne les «prédestine» à des types de milieux obligatoires. Lamarck introduit dans la pensée du déterminisme environnemental une part de liberté aux êtres, une possibilité d'émancipation. Il combat en cela, rappelons-le, les thèses catastrophistes de Cuvier, en expliquant que les êtres ont la possibilité et le potentiel de se transformer (par adaptation mais il ne le dit pas de la sorte) et de survivre, et rien n'oblige à les détruire. Par rapport au cadre linnéen, d'équilibre parfait dans l'économie de la nature (pensée que l'on retrouvera dès l'essor de l'écologie) ou rien ne permet d'écart sous peine de grands chamboulements, Lamarck introduit donc cette émancipation, cette progressive extraction du milieu naturel en liaison avec la complexification des êtres, des plantes aux hommes en disant que: «ce n'est point la forme, soit du corps, soit de ses parties, qui donne lieu aux habitudes et à la manières de vivre des animaux; mais que ce sont au contraire, les habitudes, la manière de vivre, et toutes les autres circonstances influentes qui ont, avec le temps, constitué la forme du corps et des parties des animaux»[109]. Cette extraction du milieu naturel, cette émancipation de l'humain c'est, au passage, la distanciation à l'animalité. Aristote[110] voyait en l'homme «le seul être chez qui les parties naturelles sont disposées dans l'ordre naturel: le haut de l'homme est dirigé vers le haut de l'univers». Et l'on comprend mieux ainsi l'imagerie populaire qui véhicule toujours aujourd'hui le schéma évolutionniste où du singe à quatre pattes on passe de stades en stades à l'homme redressé, symbole triomphant de son émergence, figure aboutie d'un processus d'«hominisation».

La théologie Naturelle de John Ray[111] puis William Paley[112] constitua quelques temps une philosophie explicative à ces deux grands problèmes que sont la corrélation et la diversité. Dans un ouvrage intitulé «The wisdom of God manifested in the works of the creation», Ray fait l'apologie

---

[109]Lamarck (ed.1994) Philosophie Zoologique. GF-Flammarion, 718p.
[110]Aristote Les Parties des Animaux Livre II.X
[111]John Ray (1691) The Wisdom of God manifested in the works of Creation.
[112]Paley William (1809) Natural Theology or evidences of the existence and attributs of the Deity.

de Dieu à la lumière de ces merveilleuses créations naturelles. Dans ce cosmos parfaitement stable les êtres vivants sont vus comme ceci: «they are all very wisely contrived and adapted to Ends both particular and general». Ray lui-même enracine sa propre «cosmologie» dans des auteurs anciens comme Cicéron qu'il site à maintes reprises. On a là un cas de filiation d'idées avérée. La corrélation entre caractères des formes vivantes et caractéristiques du milieu est source d'admiration. La beauté de la nature, la merveilleuse organisation sont expliquées par des causes divines. Tous les caractères sont désormais vus comme faisant partie du «projet» divin, et rien n'est laissé au hasard. C'était bien la vision d'Aristote pour qui la nature est un démiurge. C'est aussi la tradition que Voltaire raillera dans son Candide sous l'incarnation du Dr. Pangloss. On trouve chez Ray un exemple ornithologique particulièrement démonstratif invoquant l'avantage évident qu'ont les oiseaux à être ovipares car la viviparité les aurait probablement transformés en cibles parfaites en temps de gravidité. Linné reprendra à peu près l'argument dans son texte sur l'économie de la nature: «la nature est bien faite parce que les oiseaux ne pourraient pas voler s'ils portaient leurs petits, ils déposent leurs œufs»[113].

Les scientifiques des XVIII et XIXe siècles sont les héritiers de cette tradition et ont, pour la plupart, lu ces travaux. C'est cependant au cours du XIXe qu'une démarche plus scientifique émerge pour tenter de justifier ou de réfuter les constations.

L'importance croissante des découvertes en paléontologie a accru le rôle central de l'adaptation dans les interprétations

---

[113] Linné (ed.1972) L'équilibre de la nature. Vrin, bibliothèque philosophique. p.80.

des structures. C'est une branche de la connaissance des phénomènes naturels qui s'est différenciée au cours du XIXe siècle. Or les principaux utilisateurs du concept d'adaptation sont issus d'une voie de recherche particulière: la paléontologie. Depuis Cuvier et Geoffroy Saint Hilaire, la paléontologie n'a cessé de se développer un peu à l'écart des autres disciplines pour diverses raisons: méthodes, matériel, objet d'étude, aux côtés de disciplines annexes et indispensables telles que l'anatomie comparée principalement, l'ostéologie, la géologie ou la taxonomie. Basée dès le départ sur des lois fondamentales comme le *principe de corrélation* ou l'*unité de plan*, l'idée d'adaptation a toujours été au centre des discussions sur le caractère fonctionnel de telle ou telle structure, de son utilité. Le seul matériel dont dispose cette science étant osseux, la question principale est la suivante: pourquoi tel os a-t-il telle forme? Si l'on réitère l'interrogation au niveau de l'organisme entier, la question sera de savoir pourquoi tel animal a évolué de telle manière. La paléontologie a donc essentiellement raisonné sur une forme d'adaptation anatomique ou morphologique. La structure est adaptée à telle ou telle fonction, directement liée au mode de vie supposé de l'animal (vol, nage, prédation...) La mise en évidence des grands phénomènes évolutifs est due à cette discipline: radiations adaptatives, tendances évolutives, étude des extinctions…

Certaines séries paléontologiques ont montré l'existence de tendances évolutives («trends»), généralement dans une dynamique d'adéquation de la structure à la fonction: allégement des structures osseuses pour le vol, élimination progressive des dents dans certaines lignées et remplacement par des structures cornées. Ces tendances constituent des processus d'optimisation dans l'analyse que l'on fait. Owen[114], l'inventeur du nom «dinosaure» a écrit par exemple à propos du crâne du *Dimorphodon* (un ptérosaurien): «aucun organe de vertébré n'est construit avec plus d'économie de matériaux, avec un arrangement et une connexion des os plus complètement adaptée pour combiner la légèreté avec la force». On peut reconnaître là, différents grands principes comme le principe de moindre action ou la loi de corrélation. Cette dernière a été énoncée par Cuvier, que Pellegrin dans son introduction aux «Recherches sur les ossements fossiles», voit «si sensible à l'économie animale et à l'adaptation des vivants à leur milieu par leurs fonctions». Or Cuvier est fixiste, catastrophiste et anti-actualiste (ces trois qualificatifs étant liés dans des relations d'interdépendance). Ce qui montre que la réflexion sur l'adaptation peut très bien se passer du transformisme et de l'évolutionnisme! Nous considérons d'une part la montée de la pensée évolutionniste dans les sciences humaines chez Morgan ou Spencer et d'autre part la pensée adaptationniste plus ancienne qui se rejoignent dans le courant du XIXe pour s'unifier dans la théorie de Lamarck puis de Darwin, avec des modalités différentes cependant.

> « (...) les espèces ont à inventer des moyens différents pour résoudre des problèmes différents. Les espèces ne sont pas en concurrence puisqu'elles ne coïncident pas temporellement. Elles sont adaptées à leur milieu, à un moment, un temps différent».[115]

---

[114]Richard Owen cité par Pierre de Seine "Traité de Paléontologie" Reptilia of the liassic formation ptIII, Mon.Paleontol.Soc., 1870.
[115]Cuvier Georges (ed.1992) Discours préliminaire aux recherches sur les ossements fossiles de quadrupèdes. GF-Flammarion, 189p.

La réflexion sur l'adaptation et son développement extrême l'adaptationnisme peut donc bien se passer de toute historicité, c'est un paradigme indépendant, qui répond à d'autres problèmes que ceux de l'histoire du vivant.

4.2 Ordre et désordre

Dans la Théogonie d'Hésiode, Zeus combat les Titans et donne la victoire à l'harmonie, à l'ordre sur le chaos, puis il distribue les rôles, à Gaïa la terre, à Poséidon la mer, ainsi s'ordonne le cosmos. Le monde grec est harmonieux, ordonné, chacun y a sa place: justice, politique, maître, esclave. La cité est un organisme dont les différentes parties sont ajustées les unes aux autres.

«L'une des principales et plus anciennes motivations de la recherche scientifique est certainement le désir de discerner un ordre dans un monde que l'on a parfois bien du mal à comprendre» nous disent Eckmann et Mashaal.[116] Or la science semble naître dans cette Grèce ordonnée, accoutumée à la pratique juridique et à la recherche des preuves:

> « (...) on passe de la connaissance des faits à la recherche des causes, de la maîtrise de certains savoirs à la démonstration rigoureuse de leur validité. Et cela s'observe dans tous les domaines du savoir:

---

[116]Eckmann J.P. & Mashaal M. (1991) La physique du désordre. La Recherche 232, pp. 554-564.

l'astronomie, les mathématiques, la médecine, l'histoire, et bien sûr la philosophie. »[117]

Si la science se met en place dès cette époque, il est donc logique que les premières tentatives d'explication des phénomènes de corrélations des caractères des peuples avec les caractéristiques du milieu, voient le jour à ce moment précis. Mais on constate dès lors que l'explication scientifique (comme dans le cas de Ptolémée) peut rapidement prendre un aspect impérialiste dans sa vision du monde, où tous les phénomènes pourraient être déterminés. C'est là le début de la longue histoire d'un débat, qui reste ouvert encore aujourd'hui. Mais force est de constater que c'est une question épistémologique que celle de savoir quelle part la science doit accorder aux déterminismes, et en quoi cette part la rend plus scientifique si ce n'est dans ses aspects les plus superficiels et les plus platoniciens. Une logique scientifique appliquée avec trop d'ardeur sur tous les aspects du monde, peut en effet conduire à une vision totalement éclatée de la réalité, escamotant celle-ci.

La science grecque serait-elle née d'une volonté de rationaliser le monde en s'écartant du chaos originel dont se fait l'écho la Théogonie d'Hésiode? «Tohu-bohu signifie précisément chaos, désordre» nous dit Voltaire.[118] Tohou ou bohou est une locution hébraïque désignant le chaos antérieur à la création du monde, c'est le «Chautereb» des Phéniciens que reprendront les hébreux. Le «chaos» latin est un emprunt au grec «khaos». Indépendamment des différentes interprétations du texte d'Hésiode, il est important de noter le rapport «d'opposition et de

---

[117]Dortier (2000) Y a-t-il eu un miracle grec? Sciences Humaines, 31, pp. 6-9.
[118]Voltaire (1764) Dictionnaire de philosophie. Article Genèse.

complémentarité avec Gaïa»[119] qui possède une «vocation stabilisatrice, génératrice, organisatrice». La naissance de la science grecque relèverait de l'acte fondateur de Mircéa Eliade. «Reconnaissons à la base de tout travail scientifique d'une certaine envergure une conviction bien comparable au sentiment religieux, puisqu'elle accepte un monde fondé en raison, un monde intelligible!» dit Einstein[120] qui soutient en effet que «la religion cosmique est le mobile le plus puissant et le plus généreux de la recherche scientifique». Pierre Thuillier dit que:

> « [Cette] source d'énergie spirituelle (...) définit un objectif épistémologique: la quête de l'ordre. (...) la science, pendant longtemps, a été platonicienne (...) elle valorisait les formes mathématiques qui manifestaient le mieux les qualités idéales prêtées à Dieu (...) Cela se concrétisait, entre autres choses, par une utilisation fréquente de certains *principes* qui paraissaient très «ordonnateurs», très «rationnels»: principe de simplicité, principe de continuité, principe de moindre action (...). Plus c'est simple, plus c'est beau et plus c'est vrai!»[121]

Le cosmos traduit cette idée d'ordre. Adjointe à l'idée d'ordre, celle d'harmonie. Harmonie des formes les unes par rapport aux autres, équilibres subtiles, agencements et conformations. Aristote parle d'ordre naturel, ainsi à propos de l'homme:

> « ce qui est rationnel (...) c'est de dire qu'il a des mains parce qu'il est le plus intelligent. Car la main est un outil; or la nature attribue toujours comme le ferait un

---

[119]Vernant J.P. (1993) La genèse du monde, naissance des dieux, royaume céleste. Ed. Rivages, pp. 7-35.
[120]Einstein A. (1979) Comment je vois le monde. Flammarion, 192p.
[121]Thuillier P. (1991) La revanche du Dieu Chaos. La recherche 232, pp. 542-552.

homme sage, chaque organe à qui est capable de s'en servir» [car pour lui] «la nature réalise parmi les possibles celui qui est le meilleur» et de plus elle «ne fait rien en vain ni rien de superflu».[122]

On retrouve ce genres d'idées chez Leibniz qui aura tant d'influence sur les penseurs du XVIIIe et notamment les naturalistes comme le dit Mayr[123]: «Il affecta profondément la pensée de Buffon, Maupertuis, Diderot et autres philosophes des lumières, et à travers eux, Lamarck.» Darwin cite souvent Leibniz à propos du «natura non facit saltum» dans l'Origine des espèces, qui semble pour lui être une règle qu'il ne faut pas contrarier.

Le canon de Morgan est l'une de ces règles qui dominent la pensée scientifique: l'économie d'hypothèses. Chercher la solution par l'économie d'hypothèses est toujours considéré comme plus efficace. Mais au nom de quelle logique? La nature est-elle économique dans ses développements? Pourquoi penser que la nature possède les mêmes ressorts que notre propre logique? N'est-ce pas une forme d'anthropocentrisme? Comme disait Wells par la bouche de l'explorateur du temps: «Mon explication était très simple, et suffisamment plausible – comme le sont la plupart des théories erronées.»[124]

L'idée d'harmonie est très présente chez Platon: «Parce que dieu souhaitait que toutes choses fussent bonnes, et qu'il n'y eut rien d'imparfait dans la mesure du possible, c'est bien ainsi qu'il prit en main tout ce qu'il y avait de visible

---

[122] Aristote Les Parties des Animaux L.IV.X.
[123] Mayr E. (1989) Histoire de la biologie. LP. T.1 p.186.
[124] Wells G.H. (ed.1975) La machine à explorer le temps. Gallimard, Folio, 384p.

(…) et qu'il l'amena à l'ordre, ayant estimé que l'ordre vaut infiniment mieux que le désordre»[125]. L'idée de perfection est souvent présente chez Platon, la sphère en est la forme caractéristique: perfection mathématique, harmonie rationnelle. Le monde a été raisonné avant que d'être crée, c'est pourquoi il est parfait car «il n'était pas permis, et ce ne l'est pas, à l'être le meilleur de faire autre chose que ce qu'il y a de plus beau.»[126] Le monde doit donc correspondre à une volonté rationnelle, ce qui fait naître l'idée que tous les phénomènes sont des avatars des idées, des réalisations matérielles de celles-ci. «La nature crée les organes d'après la fonction et non pas la fonction d'après les organes» nous dit Aristote.[127] Antériorité de la raison sur la matière. Ainsi pensé, rationalisé, le monde est organisé logiquement, avec sagesse et harmonie. Chaque chose est à sa place. La science, née de cette pratique de la recherche de causes intelligibles, conserve cet héritage intellectuel et tente de mettre de l'ordre dans un apparent désordre. Parfois cet ordre est caché, parfois il est plus évident. Lorsqu'il est caché, la science le traque et le découvre sous forme de lois, de relations mathématiques, d'invariants chez Leibniz. L'essence précède l'existence chez Aristote ou Platon: «L'art est raison de l'œuvre, raison sans matière.»[128] Chez Aristote la nature est un démiurge, artisan intelligent: «car la finalité qui régit la constitution ou la production d'un être est précisément ce qui donne lieu à la beauté.»[129] On trouve les mêmes fondements philosophiques dans La Bible:

---

[125] Platon Le timée 30a.
[126] idem
[127] Aristote Les parties des animaux L.IV.XII.
[128] Aristote Les parties des animaux L.I.I.
[129] Idem

«lorsqu'il posait les fondements de la terre, j'étais avec lui, et je réglais toutes choses».[130]

Suivant cette idée d'ordre et d'ajustement ordonné dans la nature, on trouve dans l'histoire de la biologie plusieurs façons de l'envisager. Celle de Linné dans son système général d'économie de la nature est particulièrement claire. Le souverain créateur a horreur du vide, il a donc donné une «nature» différente aux plantes de façon à ce qu'elles puissent remplir ces lacunes. Il démontre ainsi l'existence de plantes typiques des habitats, chaque substrat possédant sa propre plante. Au-delà de ces constatations botaniques il étend à l'ensemble de l'économie naturelle ce principe ordonné: il existe une harmonie entre les plantes, les circonstances et les êtres habitants la région. Elle rappelle simplement que les éléments de la nature ne sont pas indépendants les uns des autres et que tout est en relation mutuelle dans un système équilibré. Le concept d'adaptation a été intégré dans cette réflexion parallèle:

> "(...) le concept d'adaptation s'est enrichi au cours de l'histoire des sciences des relations mutuelles entre le vivant et les milieux. Sa formation progressive n'est pas indépendante du principe d'harmonie (...), l'élaboration du concept d'adaptation va être néanmoins freinée en raison de ce lien constant avec l'idée de perfection harmonique. (...) l'histoire naturelle, en décrivant les parties des animaux, les caractères des plantes, confirme la perfection de la finalité naturelle et de l'équilibre naturel (...)[131]

---

[130]La Bible. Prov. Salomon.VIII.
[131]Metz F. (1995) Les origines du concept d'adaptation physiologique. Revue philosophique de la France et de l'Etranger, n°4, pp. 463-483.

On a souvent opposé, pour le XIXe siècle, une position fixiste à une autre qui serait évolutionniste. Aux partisans d'une nature harmonieuse, régulée, stable, dont «l'économie de la nature» de Linné serait l'archétype, s'opposerait ceux qui posent une nature caractérisée par un équilibre instable, où règne l'aléatoire, comme dans l'œuvre de Darwin. Malgré cette instabilité, on constate une physionomie, de la végétation (entre autres), une physionomie du paysage également. Or cette notion de physionomie renvoie aux conceptions humboldtiennes qui elles, s'enracinaient dans l'idée d'ordre naturel. Vidal[132] comme d'autres reste visiblement attaché au repérage de ce qui est fixe et permanent dans la relation entre les êtres vivants et leur milieu. Ce domaine de réflexion est donc celui des géographes, puis des biogéographes et des écologistes par la suite. Cet équilibre naturel est aussi celui de la théologie naturelle, celui de l'économie de la nature de Linné et globalement celui de la théorie des systèmes dans laquelle il existe un certain ordonnancement au sein de la nature, la science ayant pour tâche de le décrypter. Cette idée fondamentale n'est pas partagée par l'ensemble de la communauté scientifique et de temps à autres survient le discours opposé invoquant le désordre, le chaos et le hasard. Ainsi le débat qui avait lieu il y a quelques années de cela entre Simberloff représentant une école d'écologie prônant l'existence de phénomènes stochastiques contre Lack ou Diamond prônant l'ordre et la stabilité dans les systèmes écologiques. De cette «croyance» de fond, véritables philosophies de la nature en vérité, résultent des interprétations différentes, notamment sur la manière par laquelle il faut envisager le changement.

---

[132]Vidal (ed.1995) Principes de géographie humaine. Utz ed., 347p.

4.3 A la recherche de l'équilibre: la question des niches d'Elton

Les écologistes ont noté que dans la nature, on pouvait observer une échelle de taille des animaux. Cette échelle n'est en rien comparable à un quelconque gradient mais bien constituée de paliers successifs, attestant ainsi de la discontinuité. Les animaux petits sont ainsi beaucoup plus représentés que les gros. Pourquoi en-est-il ainsi? La réponse attendue d'un problème de place est non valide car il est aisé de constater que l'espace n'est pas saturé. C'est Elton[133] en 1927 qui va apporter une première analyse à cette question. La vie procède par catégories de tailles bien distinctes, les animaux des catégories les plus grandes étant aussi les plus rares. Selon Elton et son modèle, l'organisation du monde animal aurait le profil d'une pyramide à degrés qui s'expliquerait par les relations écologiques qu'entretiennent les espèces entre elles, les plus petits sont mangés par des plus gros, eux-mêmes mangés par des plus gros encore... et chaque groupe représente un degré de taille. Ainsi les espèces les plus répandues sont-elles les plus petites.

Mais le schéma d'Elton ne trouve pas d'explication valable jusqu'aux travaux de Hutchinson et Lindeman[134]. La vision dynamique de ces derniers implique des problèmes de coût énergétique. L'ensemble du monde vivant repose sur la loi de consommation/fabrication d'énergie. Il ne peut donc y avoir d'énergie disponible pour les niveaux supérieurs, que

---

[133] Elton C.S. (1927) Animal Ecology. NY, 296p.
[134] Lindeman (1942) The trophic dynamic aspects of ecology. Ecology, 23, pp. 399-418.

ce qui a été produit par les niveaux inférieurs. Ainsi s'explique la rareté des animaux les plus gros. L'objection qui vient de suite à l'esprit est la suivante: comment se fait-il alors que les animaux du haut de la pyramide ne soient-ils pas tous les plus gros?

La réponse des écologistes prônant le respect de cet équilibre naturel que représente la pyramide répondent par le biais adaptationniste. Les prédateurs tels que les loups, les hyènes ou les lions ne sont pas énormes parce qu'ils chassent en meute ou en groupe. L'union faisant la force, point n'est besoin de gros animaux. La réponse est donc fournie par l'éthologie. Quant à la baleine, l'adaptation lui a permis de biaiser le système. Ce gros carnivore a trouvé la parade à l'escalade dans la pêche au gros, en filtrant le krill. Cela constitue une sorte de raccourci à la pyramide à degrés.

L'éléphant quant à lui (et en tant que représentant de l'ensemble des très gros animaux) est herbivore et cela constitue encore un cas de raccourci plus direct encore. Ainsi s'explique la taille gigantesque des grands sauropodes et autres dinosaures secondaires. Les exceptions confirment la règle. Le phénomène s'explique très bien lorsque l'on considère la biomasse primaire disponible (les végétaux en l'occurrence): rien ne limite la taille de l'espèce de ce point de vue car l'abondance de nourriture dépasse de loin le nombre de consommateurs. Ce modèle est en parallèle direct avec le second principe de la thermodynamique: dégradation progressive de l'énergie tout au long des chaînes alimentaires, perdant au fur et à mesure son potentiel à fournir du travail (W). Le tyrannosaure ne cadre pourtant pas avec ce schéma. Il est en effet bien plus gros qu'attendu pour un carnivore. Alors qu'en est-il? L'image véhiculée depuis sa description au XIXème siècle était celle d'un chasseur agile et bondissant. Mais une nouvelle description en 1968 dans la revue Nature nous montre un Tyrannosaure lourd, lent et charognard. Il se nourrit donc d'animaux déjà morts et n'a pas à les chasser. Cela est parfait et permet de placer le T-Rex en marge de la pyramide d'Elton. Colinvaux en conclue que l'image populaire de ce dinosaure chasseur est un mythe. Or depuis l'hypothèse du charognage a vacillé et notamment grâce aux travaux de Horner.

Il est parfois bien difficile de retrouver cet ordre dans la nature... la question des niches écologiques est donc posée car chacun tente de rallier à sa cause les dernières données de l'observation sans pour autant classer de façon définitive le dossier. Il y a sous-tendu dans ce débat écologique, le problème simple d'une croyance en un ordre naturel et un équilibre. La tendance fluctue au rythme des articles scientifiques.

L'écologie depuis longtemps tente d'expliquer les patterns de distribution, d'abondance et de coexistence à l'aide de l'étude des différences entre espèces, chacune étant adaptée à une niche écologique. La théorie de la neutralité considère que les espèces sont toutes au même niveau, qu'il n'y a pas de différence significative entre elles et que seuls les facteurs tels que la distribution aléatoire, la naissance et la mort des individus sont à considérer. Les propriétés écologiques des espèces étant les mêmes au départ, le hasard décide seul de leur distribution et de leur réussite. Bell compare le débat entre partisans de la niche (théorie classique) et neutralistes à celui qui avait lieu il y a 20 ans de cela entre partisans de la sélection naturelle et partisans de la dérive génétique. On constate dans les deux débats l'implication nouvellement introduite d'un facteur «chance» qui semble déstabiliser la communauté.

Mais on constate aussi comment l'adaptation et sa souplesse d'utilisation permet toujours de répondre aux objections et ne semble, de ce point de vue-là, ne répondre que de façon relative aux théories en vigueur et n'apporte pas de manière définitive de réponses scientifiques aux problèmes de biologie. Comme le disait Nietzsche: «l'homme projette son impulsion à la vérité, son but, en quelque sorte, hors de soi pour en faire un monde de l'être, un monde métaphysique, une «chose en soi» un monde déjà existant»[135]; et Lorenz ajoute: «Comme il s'aperçoit de la prépondérance de l'absurde dans la marche de l'univers, il redoute que l'absurde ne l'emporte [...] sur l'aspiration humaine à la rationalité. De cette angoisse naît le besoin intellectuel de chercher un sens caché à tout ce qui arrive».

4.4 Finalité

Bernardin de St Pierre[136] avait remarqué combien le monde était bien conçu pour notre usage: le melon est muni de côtes pour être mangé en famille; le laurier est fait pour la victoire, l'olivier pour la paix. Un naïf émerveillement tourné en dérision par Voltaire[137]: «les nez ont été faits pour porter des lunettes (...) les pierres ont été formées pour être taillées et pour en faire des châteaux». C'est une forme de pensée que juge Spinoza[138]: «les hommes jugent nécessairement de la nature des choses d'après la leur propre. En outre, comme ils trouvent en eux-mêmes et hors d'eux un grand nombre de moyens contribuant grandement à obtenir ce qui est utile (...), ils en viennent à considérer toutes les choses existant dans la nature comme des moyens

---

[135]Nietzsche XVI, 57.
[136]Bernardin de St Pierre "Etudes de la nature" 1784 et "Harmonies de la nature" 1796.
[137]Voltaire (1759) Candide.
[138]Spinoza Ethique. http://spinoza.fr/de-deo-appendice/

à leur usage». L'un des fondements du raisonnement adaptationniste est la finalité. Il faut trouver une utilité aux caractères, une finalité. Et comme le dit J. Monod[139]: «il est impossible d'imaginer une expérience qui pourrait prouver la non-existence d'un projet». Un exemple actuel est celui de Richard Dawkins[140]: «la véritable fonction d'utilité de la vie, ce vers quoi tout tend dans la nature, c'est la survie de l'ADN» ou Bergson[141]: «tout se passe dans la nature comme dans les œuvres du génie humain».

Nous sommes ici au cœur du problème philosophique, partagé entre une science qui combat toute idée finaliste et une nécessité mentale voire une réalité qui serait finaliste. «L'adaptation et le but apparent de l'évolution sont des problèmes fondamentaux que doit résoudre la théorie. La sélection naturelle n'est pas hasardeuse, sa tendance est adaptative»[142]. Si Simpson considère que Darwin aurait évité la question de l'adaptation, il affirme que l'adaptation existe de même que les buts dans la nature sans pour autant invoquer une quelconque intentionnalité. La sélection naturelle n'est pas une question de chance, elle est directionnelle et directive et elle conduit précisément aux adaptations constatées dans le cours de l'évolution. Il considère que l'origine des espèces est une contribution à la compréhension de l'adaptation et particulièrement de l'adaptation progressive.

---

[139]Monod (1970) Le hasard et la nécessité. Editions du club France Loisirs, Paris, 237p.
[140]Dawkins (ed.1997) Qu'est-ce que l'évolution? Le fleuve de la vie. Hachette Littératures, Pluriel, 190p.
[141]Bergson (1907) L'Evolution créatrice. http://bibliotheque.uqac.uquebec.ca/index.htm.
[142]Simpson G.G. (1964) This view of life. Harcourt Brace & World, NY, p.18.

Darwin a éliminé une partie de la finalité par le mécanisme de la sélection naturelle. Mais les notions mêmes d'évolution, d'adaptation ou d'économie de la nature portent en elles-mêmes des résonances finalistes. L'écologie néo-darwiniste voit les espèces à la recherche d'une place dans la nature, qui lui évite la concurrence. Dans sa propre méthodologie, elle n'est donc pas exempte d'une orientation finaliste.

Pour Caponi[143]: «loin d'exclure la finalité de la biologie, Darwin a inventé une nouvelle manière de demander pourquoi» car selon cet auteur, le darwinisme constitue une théorie de l'adaptation avant d'être une théorie de l'évolution, hypothèse à laquelle nous ne souscrivons pas.

La diversité biologique peut se résumer selon les conceptions modernes, dans toutes les formes vivantes, à un seul problème fondamental: celui de la survie, entendue non seulement comme préservation de soi mais aussi comme celle des caractéristiques propres à l'espèce à travers la reproduction. Tous les problèmes du vivant ne seraient, finalement, que les différentes formes de ce problème de survie, et la capacité à les résoudre s'appelle adaptation.

Newton[144], intrigué par tant d'organisation dans les phénomènes physiques, avait posé la question: "Pourquoi le corps des animaux est-il d'une organisation si recherchée, et à quelles fins leurs diverses parties ont-elles été formées?"

L'affirmation que les structures organiques sont adaptées semble en appeler à la laborieuse reconstruction de la trame des pressions sélectives auxquelles la population a été soumise et auxquelles elle a pu répondre en s'adaptant.

---

[143]Caponi (2000) Le bricolage de l'évolution. HS Sciences et Avenir, 124, pp. 18-23.
[144]Newton (ed.1787) Optique. Tome second, Paris, p. 229.

C'est ce que recherchent aujourd'hui tous les scientifiques traitant de l'adaptation. On cite Darwin généralement:

> "Chaque détail de structure de toute créature vivante […] peut être considérée comme ayant eu une utilité spécifique pour une certaine forme ancestrale ou une utilité spécifique dans l'actualité pour les descendants de cette forme, directement ou indirectement, à travers de complexes lois de développement"[145]

Selon Caponi, Darwin n'a pas exclu la finalité de la biologie, il a démontré comment celle-ci peut devenir intelligible dans une perspective naturaliste.

La pensée de l'adaptation a des liens étroits avec la pensée finaliste. Dennett[146] explique que les adaptationnistes mènent leurs recherches en «rétro-ingénierie» et qu'ils sont sûrs ainsi qu'à un moment ou à un autre ils trouveront la raison pour laquelle il en est ainsi: «La puissance intellectuelle dans la recherche adaptationniste vient du point de vue «intentionnel» c'est-à-dire la démarche qui consiste pour le chercheur à trouver l'intentionnalité de «Dame Nature» ». Il ajoute d'une manière plus générale encore que le point de vue intentionnel est le levier crucial dans toutes les tentatives de reconstruction du passé biologique.

Ce peut être une méthode heuristique de recherche, cela n'en dit pas plus sur la réalité évolutive. C'est une méthode a posteriori qui permet de faire une hypothèse sur la raison de l'adaptation. Aucune expérience n'est en mesure de confirmer cette hypothèse. La mise en avant de la puissance de l'adaptationnisme comme théorie par son critère de réfutabilité (on peut trouver une meilleure cause

---

[145]Darwin (ed.1992) L'Origine des espèces. GF-Flammarion, p. 253.
[146]Dennett (ed.2000) Darwin est-il dangeureux. Odile Jacob, 656p.

d'adaptation au cours des recherches) est exagérée et semble vouloir rendre l'adaptation seule raison de la survie des espèces. C'est aussi considérer qu'il existe toujours une raison à l'adaptation (en l'occurrence d'une adaptation définie comme caractère!)

Le problème de la finalité était déjà clairement décortiqué par L. Cuénot[147] dès 1925:

> «On parle souvent de l'adaptation d'un organe à une fonction. On sous-entend quelque chose de très important: c'est que l'organe, par sa convenance complexe, paraît construit pour une fonction déterminée, ses parties constituantes étant arrangées et coordonnées de telle façon que leurs activités concourent à une fin, qui est la fonction».

Ce fonctionnalisme dans le paradigme adaptationniste est une de ces caractéristiques épistémiques fondamentales. C'est en raisonnant sur des structures intégrées et fonctionnelles que l'adaptationnisme présuppose un fonctionnement de la nature. La fonction devient finalité. «Le concept qui envisage la fin d'un objet, son pourquoi mais non son comment, est dit téléologique».[148]

Cuénot distingue trois écoles de pensée finaliste:
- Le finalisme spiritualiste qui tient la comparaison entre l'instrument humain et l'instrument organique pour légitime et exact. Les adaptations si parfaites sont la preuve de l'existence d'un esprit transcendant par sa nature et immanent par son action. C'est une forme d'anthropocentrisme d'après lui, qui a ses limites dans «

---

[147]Cuénot (1925) L'adaptation. Doin Paris, 420p.
[148]Cuénot (1925) L'adaptation. Doin Paris, p. 381.

l'absurde finalité externe à la Bernardin de St Pierre en vertu de laquelle l'herbe était faite pour la vache et l'agneau pour le loup ».

- Le mécanisme matérialiste: c'est l'école de pensée d'Héraclite, Epicure, Lucrèce, Diderot qui ne reconnaissent aucune intelligence ordonnatrice mais une harmonie générale d'un état d'équilibre qui ne pouvait pas ne pas être. Ce mécanisme est facilement moniste: la vie est une propriété de la matière.
- L'agnosticisme: comme Darwin a fini par le devenir, «le mystère du commencement de toutes choses est insoluble pour nous».[149]

La pensée adaptationniste est étroitement intriquée à la métaphysique. «L'adaptation fonctionnelle est aussi intentionnelle (...) sans scrupule nous pouvons dire que l'œil est fait pour voir (...)».[150] Cuénot[151] distingue alors finalité interne et finalité externe. D'après lui la seconde est absurde mais la première est une réalité biologique: «Puisque l'être vivant a ses organes coordonnés de telle façon qu'il vit et dure, il a une finalité interne; sa propre fin est la conservation de la vie pendant un certain temps, jusqu'à ce qu'il en ait assuré la transmission à la génération suivante». Cependant elle aboutit «assez vite (...) à des interprétations ridicules dans sa recherche de l'utilité». Autre caractéristique épistémique de la pensée adaptationniste: l'utilitarisme. L'attribution de telles utilités dans la nature est une constante dans la recherche

---

[149] Cité par Cuénot.
[150] Cuénot (1925) L'adaptation. Doin Paris, p. 388.
[151] Cuénot (1941) Invention et finalité en biologie. Flammarion, Paris, 259p.

adaptationniste parce qu'elle apporte une valeur au caractère étudié. L'utilité de ce caractère semble démontrer la raison de sa présence, tout comme sa fonction.

Peu d'auteurs en biologie se sont penchés sur ces problèmes de finalité bien que toute la recherche soit basée sur ce principe. Mayr[152] propose un autre schéma et distingue quatre gammes de phénomènes étiquetés «téléologiques»:
- Les processus téléomatiques: ce sont des mouvements apparemment orientés qui sont seulement la conséquence de lois naturelles (chute de corps, refroidissement…)
- Les processus téléonomiques: l'origine en est un programme inné ou acquis (développement ontogénétique, comportement finalisé)
- Les systèmes adaptés: ce sont les organes fonctionnels (cœur, poumons…)
- Téléologie cosmique: c'est l'utilitarisme universel dans la nature

On constate donc aussi bien avec Mayr qu'avec Cuénot qu'il y a une véritable gradation des niveaux d'acception, entre une nature totalement intégrée fonctionnellement et une nature réduite à un ensemble de lois physiques en interaction. La pensée de l'adaptation se situe à chacun de ces niveaux interprétatifs, tout dépend du niveau de complexité étudié et de la philosophie naturelle présupposée. Selon Cuénot, le point de vue finaliste est critiqué depuis longtemps et toujours par la communauté des biologistes car l'acceptation d'un quelconque finalisme ne va pas de pair avec le positivisme scientifique institutionnel de Comte, Darwin et Haeckel.

---

[152]Mayr (1961) Cause and effect in biology. Science, 134, pp. 1501-1506.

Lucrèce[153] luttait contre cette forme de pensée:

> «Ne va pas croire que nos yeux aient été dotés de ces brillantes prunelles pour nous permettre de voir au loin; que si l'extrémité inférieure des jambes et des cuisses s'appuie et s'articule sur les pieds, c'est pour que nous puissions avancer à grandes enjambées sur les routes; que nos bras ont été pourvus de muscles solides, et chaque côté de notre corps muni d'une main pour nous permettre de satisfaire aux nécessités vitales. De telles interprétations, au mépris du réel qu'elles bouleversent, mettent l'effet avant la cause. Aucune partie du corps n'a été formée pour notre usage: c'est l'existence de l'organe qui crée le besoin».

Il s'agit véritablement d'un renversement de la pensée entre cause et effet. A-t-on des yeux pour voir ou bien voit-on parce qu'on a des yeux? Cuénot oppose une école mécaniste à une école finaliste:

> « (...) le mécaniste dira empiriquement: l'Homme voit parce qu'il a des yeux; l'oiseau vole parce qu'au cours des âges les pattes antérieures de ses ancêtres bipèdes se sont étalées en ailes, dont il use (...) Le finaliste dira métaphysiquement: l'Homme a des yeux pour voir; l'Oiseau a des ailes pour voler; la femelle mammifère a des glandes mammaires pour nourrir ses petits (...)»[154]

Toute la pensée adaptationniste tourne autour de ce problème. Lucrèce nous dit qu'il n'y a pas de but dans les phénomènes de la nature, ni utilitarisme, ni fonctionnalisme, ni principe vital. En faisant un grand bond dans l'histoire, c'est ce que Gould reprend dans ses propres

---

[153] Lucrèce (ed.1995) La Nature des Choses. Arléa, 336p.
[154] Cuénot (1941) Invention et finalité en biologie. Flammarion, Paris, pp. 42-43.

thèses. C'est l'existant qui détermine les possibilités. Lucrèce nous dit par ailleurs que certaines espèces animales de la création ont été éliminées car elles ne possédaient pas certaines caractéristiques essentielles. Les éléments doivent être présents auparavant. Cuénot propose le terme de préadaptation:

> «il n'est pas douteux que parmi les innombrables germes dispersés au hasard, seuls se développent ceux qui arrivent au bon endroit et qui ont une moyenne suffisante de convenance aux conditions ambiantes. Donc par définition, nous ne connaissons que des individus et des espèces bien organisés, ayant l'adaptation nécessaire et suffisante au milieu qu'ils habitent ; cette convenance, évidemment, n'est pas post-établie (puisque l'individu mourrait), elle ne peut être que pré-établie: c'est ce que j'ai appelé la préadaptation»[155] puis «de tout temps, les places vides ont été peuplées par certaines espèces de flores et de faunes préexistantes, préalablement adaptées d'une façon nécessaire et suffisante aux conditions nouvelles (...) L'adaptation nécessaire et suffisante à un milieu précis est donc toujours préétablie, antérieure à l'installation dans le milieu, et par suite elle est indépendante des conditions propres de celui-ci».[156]

On trouvait l'argument chez Buffon[157]: «La nature n'a point taillé les dents [humaines] pour les diverses utilités qu'elles présentent, mais les dents s'étant trouvées, par un arrangement fatal, prendre telle ou telle formes, il en est résulté telle ou telle utilité». Gould et E.Vbra[158] ont

---

[155]Cuénot (1925) L'adaptation. Doin Paris, p. 136.
[156]Cuénot (1925) L'adaptation. Doin Paris, p. 148.
[157]Buffon Histoire Naturelle.
[158]Gould & Vbra (1982) Exaptation – A missing term in the science of form. Paleobiology, 8, 1, pp. 4-15.

proposé le terme d'exaptation pour des caractères préexistants et qui trouvent une utilité nouvelle dans le nouveau contexte, réservant celui d'adaptation à «l'intention activement développée» comme nous l'avons vu et réinjectant de la sorte une finalité par le biais de l'intentionnalité.

Preuve que l'ambiguïté reste toujours présente même si Mayr pense qu'il n'y a pas de doute à avoir et que Darwin et la synthèse néodarwinienne ont définitivement éliminé ce problème de la finalité. D'après lui d'ailleurs, on peut distinguer deux types de causes biologiques: les causes proximales qu'il accepte de nommer téléonomiques et les causes ultimes, téléologiques. Les causes proximales sont à expliquer par une biologie fonctionnelle (biochimie, physiologie…) et les causes ultimes (historiques, contingentes…) dévoilées plutôt par une biologie évolutionniste. Cette distinction ne doit pas être confondue avec celle de Cuénot entre causes finales et causes efficientes, car à aucun moment Mayr ne fait intervenir de principe d'intentionnalité contrairement à Cuénot. Durkheim quant à lui considère séparément la fonction et la «cause efficiente». La fonction n'est pas une finalité pour lui, «parce que les phénomènes sociaux n'existent généralement pas en vue des résultats utiles qu'ils produisent»[159]. La fonction acquière un statut explicatif: «Il est naturel de chercher la cause d'un phénomène avant d'essayer d'en déterminer les effets».

C'est parce qu'Aristote était particulièrement intéressé par les merveilleuses adaptations que l'on trouve dans le règne végétal et animal, qu'il a envisagé le principe des causes

---

[159]Durkheim (1894) Les règles de la méthode sociologique. http://classiques.uqac.ca/classiques/Durkheim_emile/regles_methode/durkheim_regles_methode.pdf

finales, dit Mayr160. Cela signifie que dès le début des interrogations naturalistes, adaptation et finalité sont étroitement imbriquées. Pour Aristote, la nature est le lieu de déploiement de la finalité: «Tout ce qui est naturel en effet se trouve répondre à un but, à moins d'avoir affaire à une coïncidence de choses qui visent un but», en outre «la nature ne fait rien en vain»161.

Aristote distingue la finalité de la nécessité. La nécessité est le rapport interne et obligatoire qui lie des faits biologiques entre eux. Par exemple: le corps est doué de locomotion et nécessite des organes des sens pour rendre cette locomotion possible dans son environnement. Ainsi la nécessité est un moyen, la finalité un but. La cause finale est essentiellement la vie: «Car la genèse est en vue de l'existence et non l'existence en vue de la genèse»162. Tel phénomène biologique se produit en vue de telle fin et cette fin s'atteint par tels moyens qui sont nécessaires. La fin est une action: «le corps existe en quelque sorte en vue de l'âme, et les parties du corps en vue des fonctions que la nature a assigné à chacune»163. On trouve chez Aristote un point de vue fonctionnaliste pour partie: «La forme même que la nature a imaginé pour la main est adaptée à cette fonction»164. Un point de vue utilitariste aussi pour partie: «En effet, les os qui sont durs par nature, ont été fabriqués pour préserver les parties molles»165 ou encore «si les poules n'ont pas de bons yeux, c'est qu'elles n'en ont pas besoin»166. La

---

[160]Mayr (1983) How to carry out the adaptationist program? Am.Nat. 121, pp. 324-334.
[161]Aristote De l'âme III, 12, 434b.
[162]Aristote Les parties des animaux citation textuelle de Platon, Philèbe 54 a 9.
[163]idem LI,V.
[164]idem LIV, X.
[165]idem LII, VIII.
[166]idem LII, XIII.

pensée adaptationniste apparaît au travers des remarques diverses, comme une tentative d'explication de la diversité biologique observée: «le bec diffère selon les usages auxquels il sert»[167] (n'est-ce pas ainsi que l'on pense aux pinsons de Darwin?) ou bien «dans chacune des espèces le bec est adapté au genre de vie» et plus généralement «de même que les parties externes ne sont pas les mêmes chez tous les animaux, mais se présentent chez chacun avec une forme spéciale adaptée au genre de vie et aux mouvements (…)»[168]. Toutes ces fonctions, ces utilités, ces adaptations sont à mettre en rapport avec la finalité naturelle: «la nature crée les organes d'après la fonction et non pas la fonction d'après les organes»[169]. Ce qui signifie que l'idée préexiste à la réalisation. C'est le point de vue d'Aristote.

---

[167] idem LIII, I.
[168] idem LIII, IV.
[169] idem LIV, XII.

5 Structure d'un paradigme

5.1 Adaptation biologique dans l'histoire

L'adaptation en tant que véritable problème biologique n'est révélée réellement que par les successeurs de Darwin que sont Wallace et Weismann. Darwin lui-même dans «l'Origine des Espèces» ne porte pas une attention particulière à l'adaptation. Le terme n'apparaît pas dans son ouvrage comme un véritable concept scientifique. Darwin parle d'acclimatement et le verbe «adapter» n'a pas de signification biologique particulière. En cela il garde les conceptions de Lamarck sur la question. Lamarck n'utilise pas le terme dans sa «Philosophie zoologique»[170], ce que confirme Pichot[171], car le concept est remplacé en quelque sorte par ce qu'il appelle les habitudes, une forme de psycho-adaptationnisme général des êtres. Il y a influence des circonstances sur l'espèce qui déterminent ses habitudes qui elles-mêmes modifient l'état des parties voire de l'organisation de celle-ci. Cette modification de l'espèce en rapport d'optimisation ou tout au moins d'adéquation avec les circonstances, l'environnement, est à n'en pas douter une pensée adaptationniste. Mais celle-ci suit une logique différente de celle rencontrée dans la théologie naturelle ou postérieurement dans le darwinisme. Cela est dû à la notion d'espèce chez Lamarck: celui-ci considère l'espèce comme une pure abstraction, une simple catégorie intellectuelle, qui n'a pas de réalité biologique «positive» comme il le dit. Il

---

[170]Metz F. (1995) Les origines du concept d'adaptation physiologique. Revue philosophique de la France et de l'Etranger, n°4, pp. 463-483.
[171]Pichot André Introduction à la philosophie zoologique de Lamarck.

n'y a en fait que des individus qui diffèrent tous les uns des autres selon leurs origines phylétiques et les circonstances des milieux qui les hébergent. On peut trouver toutes les formes intermédiaires entre deux dites espèces. L'adaptation est alors conçue strictement à un niveau individuel puis au niveau du groupe apparenté vivant dans les mêmes circonstances. Or ces circonstances sont toujours changeantes et les individus changent de fait leurs «habitudes»; ils s'adaptent en permanence. «L'influence de circonstances est effectivement, en tout temps et partout, agissante sur les corps qui jouissent de la vie: mais ce qui rend pour nous cette influence difficile à apercevoir, c'est que ses effets ne deviennent sensibles ou reconnaissables (surtout dans les animaux) qu'à la suite de beaucoup de temps». Lamarck dit plus loin que nous avons l'image d'une parfaite stabilité des conditions car l'échelle de temps nous dépasse et de loin mais en réalité il y a une dynamique permanente, un changement perpétuel. Il n'y a donc pas à proprement parler pour lui, d'espèce adaptée, il n'y a que des individus dont les habitudes tendent à atteindre l'adéquation avec le milieu. Une étude plus approfondie de la pensée lamarckienne pour ce qui nous concerne montrerait la complexité voire l'ambiguïté de cette pensée en regard du problème de la stabilité, en effet Lamarck considère certaines morphologies plus «stables» que d'autres qu'il voit comme transitionnelles. Selon Berdoulay[172], à côté de sa théorie transformiste, Lamarck avait, par sa conception du milieu, favorisé l'étude de l'adaptation des êtres organisés.

---

[172] Berdoulay et Soubeyran (1991) Lamarck, Darwin et Vidal : aux fondements naturalistes de la géographie humaine. Ann.Géo., 561-562, pp. 617-634.

Il est intéressant de noter au passage combien les idées scientifiques sont liées aux courants de pensées d'une époque. La fin du XIXe voit naître la République qui fait appel au sens de l'effort, du devoir et de l'initiative propre à chaque individu. C'est dans ce contexte profitable que naît le néo-lamarckisme, qui met en avant un «évolutionnisme» fondé sur l'adaptation en tant que processus actif. L'être vivant en fonction de ses besoins face à un milieu contraignant, cherche obstinément à s'adapter grâce à un effort soutenu. L'adaptation est motivée par la contrainte du milieu, réalisée par l'effort, voire la volonté, consacrée par l'habitude. En insistant sur le pouvoir de la vie, le néo-lamarckisme s'ouvre à des considérations téléologiques. L'adaptation met en jeu une finalité interne aux organismes. Pour le néo-lamarckisme ce sont les milieux cosmiques, les circonstances physiques extérieures qui provoquent l'adaptation, l'accommodation organique aidés dans une faible mesure seulement de la sélection. Cette adaptation peut conduire à l'équilibre si les circonstances sont stables. On retrouvera notamment de telles conceptions adaptationnistes chez Vidal et sa géographie humaine, dont la thématique de la nature n'est clairement pas darwinienne: la prégnance des conditions physiques dans l'explication de l'adaptation. Vidal est passionné par l'équilibre instable de la nature, par l'élasticité de cet être, sa faculté d'adaptation. Les notions clef héritées de Lamarck que sont l'habitude, l'effort, le besoin se retrouvent dans les annales de géographie et les principes de géographie: "les habitudes, cimentées par l'hérédité (…)"

Canguilhem[173] dit à ce sujet: «en effet, comme on l'a bien montré ces dernières années (Gillispie, Limoges), pour que fût concevable l'idée d'une transmutation des espèces par une adaptation aléatoire aux contraintes du milieu, à partir de différences individuelles dans la reproduction des organismes, il fallait détruire l'idée d'une adaptation pré ordonnée, pour chaque espèce de créatures, entre sa structure et son mode de vie. Jusqu' à Darwin, les êtres vivants paraissaient adhérer, sous peine de mort, à leur support écologique; ils se multipliaient dans le cadre où ils trouvaient exclusivement leur bien. Le changement de référence fut radical quand on proposa que les vivants se multiplient sans obligation d'identité spécifique intégrale, et que, par le jeu composé de leur nombre et de leurs différences, ils se trouvent contraints de vivre où ils peuvent, au moindre mal, sans place réservée, sans assurance du lendemain.»

Darwin connaît bien ces adaptations parce qu'il a lu la théologie naturelle, et ces merveilleuses adaptations l'interrogent et constituent, plus ou moins en filigrane puisqu'il ne considère pas l'adaptation elle-même en tant que concept scientifique, une partie de l'objet de sa quête; expliquer les adaptations c'est répondre d'une certaine façon à l'observateur naturaliste constatant jour après jour les incroyables adéquations dans la nature: «Comment se sont perfectionnées toutes ces admirables adaptations d'une partie de l'organisme dans ses rapports avec une autre partie, ou avec les conditions de vie (…) en un mot nous pouvons remarquer d'admirables adaptations partout et dans

---

[173] Canguilhem G. (1993) Idéologie et rationalité dans l'histoire des sciences de la vie. Nouvelles études d'histoire et de philosophie des sciences. 2ème éd., librairie philosophique Vrin.

toutes les parties du monde organisé.»[174] Mais le rôle de ces adaptations diffère pour lui de celui que lui attribuait Lamarck où même Cuvier, pour lesquels elles déterminent la place et le lieu de vie des espèces. Pour Darwin au contraire elles ne sont que secondaires par rapport à la lutte pour la vie:

> «Nous avons raison de croire que les espèces à l'état de nature sont restreintes à un habitat peu étendu, bien plus par suite de la lutte qu'elles ont à soutenir avec d'autres êtres organisés, que par suite de leur adaptation à un climat particulier»[175]
> «On peut donc considérer l'adaptation à un climat spécial comme une qualité qui peut aisément se greffer sur cette large flexibilité de constitution qui paraît inhérente à la plupart des animaux»[176]

Pas plus qu'aujourd'hui la question de l'héritabilité des caractères n'est limpide pour les scientifiques et Darwin mélange en connaissance de causes les effets de l'acclimatation et ceux de l'innéité. L'adaptation semble pour lui être la résultante de ces causes, alliant ainsi des causalités multiples:

> «Quelle est la part qu'il faut attribuer aux habitudes seules? Quelle est celle qu'il faut attribuer à la sélection naturelle de variétés ayant des constitutions innées différentes? Quelle est celle enfin qu'il faut attribuer à deux causes combinées dans l'acclimatation d'une espèce sous un climat spécial?»[177]

---

[174] Darwin (ed.1992) L'Origine des espèces. GF-Flammarion, p.110.
[175] idem p.192
[176] idem p.194
[177] idem p.194

Le chapitre sur les lois de la variation montre clairement que l'origine des caractères est le principal problème que rencontre toute tentative analytique. Simpson[178] considère que Darwin aurait évité la question de l'adaptation. Cependant Darwin considère que l'adaptation est néanmoins une condition nécessaire à l'existence des êtres vivants et plus particulièrement à leur survie «chacun d'eux étant soumis à la lutte pour l'existence, il faut nécessairement qu'il soit bien adapté à la place qu'il occupe dans la nature»[179]. C'est par ce biais que des considérations à caractères écologiques sont étroitement impliquées. L'adaptation confère un rôle dans la nature, une place qui se doit toujours différente afin de persister.

> «J'ai essayé, en outre, de démontrer que les descendants variables de chaque espèce cherchant toujours à occuper le plus de places différentes qu'il leur est possible dans l'économie de la nature, cette concurrence incessante détermine une tendance constante à la divergence des caractères.»[180]

Les histoires particulières de chacune des adaptations sont clairement reliées à l'évolution des espèces et Darwin introduit également un élément paradoxal pour la théorie des places dans la nature, l'usage actuel: «bien que certainement chaque individu soit parfaitement approprié à la place qu'il occupe dans la nature, beaucoup de conformations n'ont plus aujourd'hui de rapport bien direct et bien intime avec ses nouvelles conditions d'existence.»[181] L'élément paradoxal c'est que si bon nombre de dites

---

[178] Simpson G.G. (1964) This view of life. Harcourt Brace & World, NY, p.201.
[179] Darwin (ed.1992) L'Origine des espèces. GF-Flammarion, p.232.
[180] Darwin (ed.1992) L'Origine des espèces. GF-Flammarion, p.470.
[181] Idem p.252.

adaptations n'en sont plus véritablement, comment peut-on expliquer leur persistance sous la loi de la sélection naturelle? L'adaptation n'est plus un processus chez Darwin c'est un résultat surtout et c'est peut-être la raison pour laquelle Simpson considère qu'il a évité la question. Simpson est en effet convaincu, en tant que morphologiste et paléontologue que l'adaptation est un processus dont le résultat n'est qu'une conséquence logique puisque tel en est le but. Darwin considère surtout l'adaptation comme résultat de la sélection naturelle, il formule sa théorie comme celle de «la descendance avec modification par la sélection naturelle»[182]. C'est la sélection naturelle qui adapte les êtres organisés, mais l'adaptation peut prendre d'autres voies. Il cherche à expliquer le phénomène de l'adaptation, pas à en faire un processus qui réintroduirait un certain finalisme, contre lequel il lutte en permanence.

La recherche de l'origine des caractères est la seule manière de leur trouver une raison d'être. Tout l'enjeu philosophique du débat est pour Darwin de combattre les idées issues de la théologie naturelle et il reconnaît «l'influence de [son] ancienne croyance»[183], mais il est cependant conscient des limites de ce que, plus tard, on nommera l'adaptationnisme. Tous les caractères ne trouvent pas leur justification théorique dans l'adaptation -c'est là tout le bon sens et la prudence de Darwin qu'on peut lui reconnaître à de nombreuses reprises. Prenant exemple sur les pics, Darwin met en garde contre les interprétations abusives:

> «S'il n'y avait que des pics verts et que nous ne sachions pas qu'il y a beaucoup d'espèces de pics de couleur noire et pie, nous aurions probablement pensé

---

[182]Idem, p.517.
[183]Darwin (ed.1999) La filiation de l'homme. Syllepse, 825p.

que la couleur verte du pic est une admirable adaptation, destinée à dissimuler à ses ennemis cet oiseau si éminemment forestier."[184]

Il attribue plus loin ce caractère à une sélection sexuelle.

Si l'adaptation semble essentielle dans le schéma général de la survie sur terre des êtres, elle semble d'une importance plus relative dans la détermination de l'organisation des espèces et de leur évolution phylétique:

> «On aurait pu croire, et on a cru autrefois, que les parties de l'organisation qui déterminent les habitudes vitales et fixent la place générale de chaque être dans l'économie de la nature devaient avoir une haute importance au point de vue de la classification. Rien de plus inexact. Nul ne regarde comme importantes les similitudes extérieures qui existent entre la souris et la musaraigne, le dugong et la baleine, ou la baleine et un poisson»[185]

L'adaptation ne semble pas primordiale pour Darwin ici, elle n'est qu'un phénomène secondaire qui se superpose sur le schéma d'origine. Ce qui importe pour Darwin c'est la descendance avec modification, et non pas l'adaptation. Cette dernière ne fait que brouiller les pistes lorsqu'on cherche à établir des filiations. Manifestement, l'adaptation ne tient pas une place centrale dans l'esprit de Darwin, c'est avant tout la descendance avec modification par le biais de la sélection qui constitue son projet scientifique, dont l'adaptation est une conséquence qu'il lui fallait expliquer. Ce constat débouche sur l'actuelle distinction entre caractères homologues et caractères analogues. D'ailleurs

---

[184] Idem p.249
[185] Idem p.472

Darwin ne les considère pas autrement. Ces ressemblances, bien qu'en rapport intime avec la vie des individus, ne sont considérées que comme de simples caractères «analogiques» ou «d'adaptation». On reconnaît ici la façon de penser commune à Lamarck (Darwin reconnait cette opinion commune plus loin,[186] l'adaptation étant en quelque sorte une improvisation sur le thème). C'est un élément de première importance dans notre tentative de déterminer l'importance de l'adaptation dans les débats d'histoire naturelle car il a trait avec l'état de variation. C'est l'observation de la variation qui a conclu à l'adaptation. Il existe un lien très ténu entre ces deux phénomènes et il est parfois difficile de les séparer.

A propos des descriptions de Bates sur des espèces d'insectes du bassin de l'amazone et des effets de mimétisme entre elles:

> «In these facts, of which only a brief abstract has been given, we have the most striking case ever recorded of what naturalists call analogical resemblance. By this term naturalists mean the resemblance in shape, for instance, of a whale to a fish, of certain snake-like Batrachians to true snakes, of the little burrowing and social pachydermatous *Hyrax* to the rabbit, and other such cases. We can understand resemblances, such as these, by the adaptation of different animals to similar habits of life».[187]

puis par ailleurs:

---

[186] Darwin (ed.1992) L'Origine des espèces. GF-Flammarion, p.484.
[187] Darwin (1863) A review of Mr.Bates' paper on "Mimetic Butterflies". Natural History Review, pp 221-224.

«no one, now, will (or ought) to say that the different parts of Australia have something in their external conditions in common, causing them to be pre-eminently suitable to marsupials; and so on in a thousand instances. Though each species, and consequently genus, must be adapted to its country, surely adaptation is manifestly not the governing law in geographical distribution. Is this not so? and if I understand you rightly, you lessen your own means of comparison -attributing the presence of the same genera to similarity of conditions.»[188]

«It was evident that such facts as these, as well as many others, could only be explained on the supposition that the species gradually become modified; and the subject haunted me. But it was equally evident that neither the action of the surrounding conditions, nor the will of the organisms of every kind are beautifully adapted to their habits of life -for instance, a woodpecker or a tree-frog to climb trees, or a seed for dispersal by hooks or plumes. I had always been much struck by such adaptations, and until these could be explained it seemed to me almost useless to endeavour to prove by indirect evidence that species have been modified.»[189] «The solution, as I believe, is that the modified offspring of all dominant and increasing forms tend to become adapted to many and highly diversified places in the economy of nature».[190]

La place que Darwin accorde à l'adaptation un statut peut-être différent de l'actuel: d'un côté il considère l'adaptation comme devant absolument être expliquée «selon les principes baconiens»[191], soit en récoltant toutes les données

---

[188]Darwin (1844) Letter 315. To J.D. Hooker, Down December 25th.
[189]Darwin (ed.2008) L'Autobiographie. Seuil, p.67.
[190]Idem p.69.
[191]Darwin

possible et sans théorie a priori, et d'un autre côté il lui donne un rôle secondaire, celui d'une faculté qui vient s'ajouter à d'autres principes premiers comme la lutte pour l'existence dans la détermination de la géographie de espèces. Ce qui signifie clairement que pour lui, l'adaptation reste bien une adéquation physique au milieu. La lutte pour l'existence conduit à l'adaptation par le biais de la sélection naturelle. L'adaptation est l'unique conséquence de la sélection naturelle mais la sélection naturelle n'est pas l'unique cause de l'adaptation. La sélection adapte les êtres organisés à leur milieu. Les caractères d'adaptation peuvent être repérés chez les espèces par la méthode comparative afin de «comprendre la distinction très essentielle qu'il importe d'établir entre les affinités réelles et les ressemblances d'adaptation ou ressemblances analogues.»[192] Il insiste ensuite sur le fait que ces caractères d'adaptation dissimulent les relations de parentés, qui représentent le cœur de sa théorie de la descendance avec modification. L'aptitude ou la réussite à laisser des descendants pour un individu fait partie de ce que Darwin appelle la «lutte pour l'existence», au même titre mais à un niveau en dessous que les «relations mutuelles des êtres organisés»[193].

Darwin en fait englobe sous le terme d'adaptation les phénomènes qui ne dépendent pas de l'hérédité. L'acclimatation est une adaptation pour lui. C'est pour cela qu'il considère que l'adaptation à un climat spécial se greffe sur la flexibilité de constitution des animaux. Il prend l'exemple de l'éléphant et du rhinocéros mais également celui de l'homme pour montrer cette faculté de vivre sous des climats divers:

---

[192]Darwin (ed.1992) L'Origine des espèces. GF-Flammarion, p.484.
[193]Idem p.112.

> «le fait que l'éléphant et le rhinocéros ont autrefois vécu sous un climat glacial, tandis que les espèces existant actuellement habitent toutes les régions de la zone torride, ne sauraient être considérés comme des anomalies, mais bien comme des exemples d'une flexibilité ordinaire de constitution qui se manifeste dans certaines circonstances particulières.»[194]

Puis il se demande comment différencier dans ce phénomène d'adaptation la part revenant à l'habitude de celle revenant à la sélection naturelle des «constitutions innées». Donc l'adaptation pour lui est un phénomène remarquable mais général, qui ne dépend pas d'un unique mécanisme. La sélection conduit à l'adaptation mais les habitudes également. En fonction de l'héritabilité des caractères chez les espèces, l'adaptation n'aura pas la même origine. Plus loin il cite nombre d'exemple d'espèces animales «dont les habitudes ont changé sans que la structure se soit modifiée de façon correspondante»[195] ainsi que les individus au sein des espèces dont les habitudes sont «différentes de celles propres à leur espèce»[196] point de départ de nouvelles espèces. Si certains cas d'adaptation sont particulièrement «frappant» comme il le dit lui-même, il y a bon nombre d'individus ou de populations qui dérogent à la règle qu'on croit être la leur. Les habitudes en cela font diverger largement les espèces du type parfait qu'on voudrait leur attribuer. L'adaptation par le biais de la sélection des variations favorables participe du processus de divergence des variétés et des espèces. C'est un phénomène «passager» en quelque sorte, qui est fondamental pour les individus et les populations dans leur milieu de vie, parce que pouvant donner un avantage à ses possesseurs sur le

---

[194] Idem p.194.
[195] Idem p.238.
[196] Idem p.236.

moment. Mais l'adaptation n'est pas une «caractéristique» qui s'hérite et Darwin discute très souvent dans L'Origine des Espèces des cas où la recherche de l'adaptation peut conduire à une interprétation erronée.

5.2 Une adaptation, des adaptations

L'adaptation est à la fois considérée comme processus et comme résultat. Williams fait l'analogie avec des systèmes artificiels dans le cas d'une adaptation en tant que résultat:

> «A frequently helpful but not infaillible rule is to recognize adaptation in organic systems that show a clear analogy with human implements. There are convincing analogies between bird wings and airship wings, between bridge suspensions and skeletal suspensions, between the vascularization of a leaf and the water supply of the city»[197]

Cela correspond au premier niveau de constatation de l'adaptation: les poissons et les mammifères marins sont adaptés au milieu aquatique, les oiseaux volants au milieu aérien, l'homochromie de certains caméléons, la quasi perfection de l'aile de l'albatros au vol plané et celle du guépard à la course. Ce sont les «merveilleuses adaptations» qu'admiraient les partisans de la Théologie Naturelle. Ce constat d'adaptation n'a aucune valeur explicative en elle-même. Il est descriptif. Cet état «adapté» de l'organisme par rapport à une fonction donnée est résumé par Ridley de la manière suivante: «L'adaptation d'un être vivant peut être considérée comme un «plan», celui de l'ensemble des

---

[197]Williams G.C. (1996) Adaptation and natural sclection. Princeton Univ.Press. 307p.

propriétés qui permettent à cet être de survivre et de se multiplier.»[198] Mais à la ligne suivante, à laquelle il prend un exemple précis, il modifie déjà sa définition: «L'exemple favoris de Darwin était le pic. L'adaptation la plus évidente, la plus caractéristique, de cet oiseau est son bec puissant qui lui permet de forer des trous dans les arbres.» Du plan général de constitution de l'animal, Ridley passe à un caractère particulier qui semble résumer à lui seul l'adaptation du pic. C'est à dire que le bec particulier du pic est considéré comme le caractère adaptatif principal et essentiel à la survie de l'oiseau. Plus loin il affirme cependant que «la plupart des traits que nous remarquons chez un organisme (sont) adaptatifs.» Or Darwin a ajouté à propos de cet exemple:

> «Il y a cependant dans l'Amérique septentrionale des pics qui se nourrissent presque exclusivement de fruits, et d'autres qui, grâce à leurs ailes allongées, peuvent chasser les insectes au vol.»[199]

Il y a là, persistante chez Ridley, la marque d'un problème que soulève le concept d'adaptation qui est celui de savoir si effectivement c'est l'organisme dans son ensemble qui est adapté ou si cet organisme possède des adaptations particulières qui lui confère cet état adapté. Darwin ne confond pas caractère et adaptation, ce ne sont pas des synonymes. Il y a eu une dérive de sens, liée au transfert de la notion d'adaptation des caractères à celle de l'équivalence des deux termes. Gould explique le phénomène:

> «(...) à cette époque (et tous les évolutionnistes de ma génération le confirmeront), nous utilisions le terme d'

---

[198]Ridley (1997) Evolution biologique. De Boeck & Larcier, 719p.
[199]Darwin (ed.1992) L'Origine des espèces. GF-Flammarion, p.237.

«adaptation» pour parler, de façon générique, de *n'importe quel* trait d'un phénotype donné, en un sens descriptif et sans supposer quoi que ce soit en ce qui concernait son origine ou son emploi actuel (c'était même la façon préférée, dans les milieux professionnels, de parler des traits phénotypiques). Le simple fait d'exister, pour un trait, signifiait qu'il était une adaptation. Lorsque nous voulions mentionner de façon simplement descriptive tel ou tel trait morphologique, nous utilisions couramment la formule suivante, comme dans le cas, par exemple, de pattes avant des dinosaures théropodes: «Cette adaptation est plus développée chez *Allosaurus* que chez *Tyrannosaurus*.»[200]

Harvey & Pagel[201] définissent l'adaptation comme ceci: «for a character to be regarded as an adaptation, it must be a derived character that evolved in response to a specific selective agent.» Ce glissement du sens a certainement participé au renforcement de l'adaptationnisme qui a suivi la synthèse évolutionniste. A partir du moment où tout caractère phénotypique (morphologique essentiellement en l'occurrence puisque c'est la paléontologie qui traite principalement de ces problèmes de conformation, le fait n'est pas sans importance) est nommé adaptation, c'est que l'on considère que les organismes ne sont constitués que d'adaptations, ce que ne pensait pas Darwin, pour qui les organismes sont une mosaïque de caractères d'origine diverses. La science morphologique joue un rôle essentiel dans l'évolution pour Darwin, constituant «une des parties

---

[200] Gould (ed.2006) La Structure de la Théorie de l'Evolution. Gallimard Essais, note p.1721.
[201] Harvey & Pagel (1991) The comparative method in evolutionary biology. Oxford University Press, 248p.

les plus intéressantes de l'histoire naturelle, dont elle peut être considérée comme l'âme.»[202]

Lorsque l'adaptation est considérée comme processus, elle conduit à l'état adapté. Les êtres vivants «s'adaptent»; cette fois c'est sous forme verbale qu'on trouve le vocable. Le processus peut être actif ou passif selon la manière dont on l'envisage. Chez Lamarck, c'est le processus adaptatif qui permet aux espèces de se transformer même s'il n'emploie pas le mot.[203] C'est l'évolution biologique qui amène cette acception de l'adaptation. Mayr[204] dit que «l'adaptation ne pouvait plus être considérée comme un état statique, le produit d'une création passée; elle devait être envisagée comme un processus dynamique». Metz[205] pense que c'est la physiologie qui a apporté sa contribution à l'élargissement du concept par la reconnaissance d'une dynamique. C'est donc historiquement que le concept s'est élargi mais ceci n'est pas sans conséquence sur la compréhension du phénomène parce qu'il impose de comprendre désormais les mécanismes sous-jacents à ce processus.

Si l'on s'en tient au raisonnement de Darwin[206], les caractères d'adaptation sont des caractères spécifiques de l'individu, témoins de l'adaptation de l'être à son environnement et donc récents sur le plan phylogénétique.

---

[202]Darwin (ed.1992) L'Origine des espèces. GF-Flammarion, p.491.
[203]Tort (1996) «Transformationnisme», Dictionnaire du Darwinisme et de l'Evolution. 4862p.
[204]Mayr E. (1989) Histoire de la biologie. Diversité, évolution et hérédité, T2: de Darwin à nos jours. LP références, pp. 637-1203.
[205]Metz F. (1995) Les origines du concept d'adaptation physiologique. Revue philosophique de la France et de l'Etranger, n°4, p.476.
[206]Darwin C. (1871) De la descendance de l'homme.

Pour lui, les caractères analogues entre espèces reflètent l'adéquation à un environnement donné des êtres vivants considérés, il faut donc les différencier des caractères homologues, qui eux représentent les véritables affinités des êtres vivants, résultats héréditaires de la communauté de descendance. Seuls ces caractères homologues ont une utilité pour trouver les liens phylogénétiques. Les adaptations sont des caractères secondaires pas forcément héritables, apposés sur des caractères homologues hérités.

> «On aurait pu croire, et on a cru autrefois [et l'on croit encore aujourd'hui pourrait-on ajouter], que les parties de l'organisation qui déterminent les habitudes vitales et fixent la place générale de chaque être dans l'économie de la nature devaient avoir une haute importance au point de vue de la classification. Rien de plus inexact. Nul ne regarde comme importantes les similitudes extérieures qui existent entre la souris et la musaraigne, le dugong et la baleine, ou la baleine et le poisson. Ces ressemblances, bien qu'en rapport intime avec la vie des individus, en sont considérées que comme de simples caractères «analogiques» ou d'adaptation.»[207]

«Il est impossible d'expliquer les structures homologiques par le principe de la simple adaptation» nous dit Darwin[208]. Mayr[209] considérant que la «théorie unitaire» de Darwin n'existe pas: il y a la théorie de l'ascendance commune et la théorie de la sélection naturelle. Ainsi Mayr considère deux processus différents que sont la transformation au cours du temps d'une part et la diversification dans l'espace

---

[207]Darwin (ed.1992) L'Origine des espèces. GF-Flammarion, p.472.
[208]Darwin (ed.1999) La filiation de l'homme. Syllepse, note pp.106-107.
[209]Mayr E. (1993) Darwin et la pensée moderne de l'évolution. Odile Jacob. 246p.

écologique et géographique d'autre part, permettant de distinguer respectivement une théorie de l'ascendance commune d'une théorie de la sélection naturelle. Mayr dit qu'avant 1838, les idées de Darwin sur la question de l'adaptation étaient plutôt vagues et qu'il semble avoir attribué l'adaptation à certaines lois, en particulier à l'influence de l'environnement sur le système génératif:

> «Tout changement organique, pensait-il, était une réponse adaptative à des changements, si faibles fussent-ils, dans les conditions extérieures. Ces influences environnementales amenaient le système génératif à produire les réponses appropriées.»[210]

Darwin considère que des variations acquises peuvent finir par devenir héritables. Pour lui, les adaptations, parce qu'elles permettent une «meilleure» survie dans un environnement donné, sont héritables grâce à la sélection naturelle, car seuls les individus adaptés survivent.

> «Nous devons spécialement garder à l'esprit que les modifications acquises et continuellement utilisées au cours des époques passées pour quelque fin utile se sont probablement solidement fixées et pourraient à la longue devenir héréditaires.»[211]

Dans ce contexte, le problème de l'hérédité des caractères de l'adaptation n'en est pas un pour Darwin. L'adaptation est «d'une haute importance pour la prospérité de l'individu»[212] par rapport à leur milieu mais elle n'est pas un obstacle à la pensée de l'évolution justement parce qu'il ne confond pas l'adaptation qui est un phénomène pour lui avec l'héritabilité

---

[210]Idem, p.78.
[211]Darwin (ed.1999) La filiation de l'homme. Syllepse, p.144.
[212]Darwin (ed.1992) L'Origine des espèces. GF-Flammarion, p.485.

des variations et leur éventuelle sélection. On retrouve la distinction chez Haeckel, pour qui adaptation est synonyme de variation:

> «Le phénomène de l'adaptation ou de la variation dépend de l'influence matérielle, que subit l'organisme de la part du milieu ambiant, des conditions de son existence, tandis que l'hérédité consiste dans l'identité partielle de l'organisme générateur et de l'organisme engendré.»[213]

Haeckel distingue très nettement les caractères liés à l'hérédité de ceux liés à l'adaptation ou variabilité, sa «fonction antagoniste»[214].

> «Par adaptation ou variation nous entendons dire que, sous l'influence du monde extérieur ambiant, l'organisme a acquis dans ses fonctions physiologiques, dans sa constitution, dans sa forme, quelques particularités nouvelles, qui ne lui avaient pas été léguées.»[215]

Pour Haeckel, comme pour Darwin, dans l'adaptation on passe insensiblement de l'inné à l'acquis. Mais pour Darwin en tout cas, la sélection n'agit que sur les caractères héritables, les variations héréditaires. L'adaptation pour Haeckel est une force opposée à celle de l'hérédité parce que cette dernière tend à «maintenir les formes organiques dans la limite de leurs espèces, à faire que la descendance ressemble aux ancêtres, à produire des générations toujours frappées à la même effigie» alors que l'adaptation tend à

---

[213]Haeckel E. (1922) Histoire de la création des êtres organisés d'après les lois naturelles. Ed.Alfred Costes. p.116.
[214]Idem, p.149.
[215]Haeckel E. (1922) Histoire de la création des êtres organisés d'après les lois naturelles. Ed.Alfred Costes. p.161.

«transformer les formes organiques sous la pression des influences extérieures, à tirer de nouvelles formes des formes préexistantes, à infirmer absolument la constance et l'immutabilité de l'espèce.»[216] De cette manière il pense comme Isidore Geoffroy St. Hilaire qui dit que «les caractères d'une espèce nouvelle «sont pour ainsi dire les résultats de deux forces opposées», l'une conservatrice et l'autre modificatrice»[217]. Chez Haeckel, les adaptations sont des variations sur le thème «qui s'éloignent souvent extraordinairement des types de l'espèce, uniquement parce que l'organisme s'est adapté aux conditions du milieu extérieur.»[218] Il attribue les causes de la variation, de l'adaptation à la nutrition, qui «n'est pas seulement l'ingestion de substances réellement nutritives, mais encore l'influence de l'eau, de l'atmosphère, celle de la lumière solaire, de la température, de tous les phénomènes météorologiques, que l'on désigne en somme par le mot «climat»[219]. De nombreuses causes sont à l'origine des modifications des espèces et de leur adaptation au milieu. L'adaptation n'est pas strictement héréditairement déterminée, mais pour Darwin l'adaptation liée à la sélection n'est liée qu'aux caractères hérités. Darwin ne confond pas adaptation et sélection, ce qu'on fait les adaptationnistes en revanche. En mettant trop en avant l'adaptation comme un but nécessaire, dans l'idée que seules les variations héréditaires peuvent être sélectionnées, on en est arrivé à confondre l'adaptation avec son processus la sélection. Or pour Darwin, l'adaptation est la conséquence de la sélection mais a également d'autres causes.

---

[216]Idem, p.185.
[217]Carus (1880) Histoire de la zoologie. Paris, p.603.
[218]Idem, p.162.
[219]Idem, p.162.

Pour lutter contre l'idée trop présente de la place «réservée» à chaque espèce dans l'économie de la nature, Darwin minimise le rôle de l'adaptation:

> «Nous avons raison de croire que les espèces à l'état de nature sont restreintes à un habitat peu étendu, bien plus que par suite de la lutte qu'elles ont à soutenir avec d'autres êtres organisés, que par suite de leur adaptation à un climat particulier.»[220]

L'adaptation est une conséquence de la sélection naturelle chez Darwin. Il ne met cependant pas de signe égal, comme Haeckel, entre variation (ou variabilité) et adaptation, il parle plutôt d'une variabilité dont les causes sont multiples:

> «la variabilité obéit à des lois complexes, telles que la corrélation, l'usage et le défaut d'usage, et l'action directe des conditions de vie.»[221]

Peut-être peut-on voir chez Haeckel une origine possible de l'usage du terme adaptation pour désigner tout caractère, au sens où chaque caractère serait une variation. Darwin est également convaincu de l'existence de l'unité de type et pense l'homologie en rapport avec l'archétype. Les adaptations sont des variations sur ce type. Parlant de la sélection naturelle: «Dans les changements de cette nature, il ne saurait y avoir qu'une bien faible tendance à modifier le plan primitif.»[222]

---

[220] Darwin (ed.1992) L'Origine des espèces. GF-Flammarion, p.192.
[221] Darwin. Idem p 524.
[222] Idem. p. 492.

Cette thèse est celle dite du structuralisme morphologique,[223] «l'adaptation n'intervient que comme un phénomène de bricolage secondaire et d'ajustement mineur sur un *Bauplan* fondamental, édifié préalablement en fonction de principes structuraux». Gould insiste sur le fait que «Darwin a ajouté un caractère fonctionnaliste à sa théorie.»[224] Darwin résout le paradoxe entre les adaptations et l'unité de type en considérant que «la loi des conditions d'existence est de fait la loi supérieure, puisqu'elle comprend, par l'hérédité des adaptations antérieures, celle de l'unité de type.»[225] C'est à dire que grâce à l'hérédité de l'adaptation (les caractères adaptés sont héritables), les anciennes adaptations deviennent le type pour l'espèce donnée, il n'y a donc plus de dichotomie qui tienne entre structuralisme morphologique et fonctionnalisme, ce ne sont que les deux faces d'une seule et même pièce. Structure et fonction sont donc deux aspects différents d'un même objet: la structure se résout en fonction dans l'interaction avec le milieu, et la sélection transforme la fonction dans la structure. La dialectique permanente de la structure et de la fonction permet d'entrer dans la complexité du phénomène évolutif. La résolution de la structure dans la fonction permet au mécanisme de la sélection naturelle de se mettre en place. La sélection naturelle traduit les fonctions en structures héritables. La sélection naturelle peut permettre également l'héritage de fonctions sans traduction structurelle.

Mais reste que pour Darwin, l'adaptation ne se limite pas à la sélection des variations héritables, donc des seuls

---

[223]Gould (ed.2006) La Structure de la Théorie de l'Evolution. Gallimard Essais, p. 388.
[224]Idem, p. 355.
[225]Darwin (ed.1992) L'Origine des espèces. GF-Flammarion, p. 259.

caractères héréditaires, elle inclut également les phénomènes d'acclimatement qui peuvent devenir des caractères acquis. La sélection naturelle se fait donc sur des caractères adaptatifs d'origines différentes. Les caractères acquis ontogénétiquement deviennent héréditaires par la suite. Il n'y a pas de débat entre ce qui est inné et ce qui est acquis en réalité.

Mayr considère que l'opinion de Darwin a évolué au fil du temps et que le problème de l'adaptation serait venu verrouiller sa vision:

> «Dans les premières notes de ses carnets consacrés aux espèces (carnet B, C), Darwin concevait manifestement les espèces comme des entités reproductivement isolées. Durant les années 1850, cependant, son attention s'est tournée vers les espèces en tant qu'entités adaptées. (...) Son mode de raisonnement était handicapé par l'abandon de l'approche populationnelle au profit de la réflexion de nature typologique.»[226]

Nous relativisons l'idée que Darwin ait pu avoir une approche totalement populationnelle au sens où on l'entend actuellement, à savoir que les caractères génétiquement déterminés seulement sont soumis à la sélection naturelle, puisque Darwin considérait l'adaptation comme ayant de multiples origines et pas seulement héréditaires. Il a ouvert l'approche populationniste dans le sens où il a considéré que les variations (héréditaires et le devenant) «fournissaient les matériaux nécessaires à leur adaptation aux buts les plus

---

[226]Mayr E. (1993) Darwin et la pensée moderne de l'évolution. Odile Jacob. p.51.

divers»,[227] mais il n'est pas fixé sur une origine strictement héréditaire de la variation.

5.3 Le rôle de la morphologie

L'étude de la forme dans les problèmes d'évolution est envisagée selon deux axes: la morphologie fonctionnelle et le changement morphologique dans le temps.

La morphologie fonctionnelle est basée sur l'étude anatomique du «système organisme» en tant qu'entité fonctionnelle. L'organisme formant un tout intégré, à la manière de Cuvier; la morphologie est le reflet à la fois des contraintes structurales en tant qu'héritages génétiques et de la fonction dans la vie de l'organisme. Un dialogue permanent entre structure et fonction au cours de l'ontogenèse permet la genèse de la forme. Le cas est particulièrement clair pour la morphologie osseuse. La forme d'un os est un complexe dynamique crée entre deux pôles, un pôle structural, génétiquement hérité et un pôle fonctionnel qui est celui de l'interaction permanente avec le milieu. Cette interaction avec le milieu se traduit en termes de physique mécanique et de forces appliquées, de physiologie également, créant un contexte environnemental. Young et Badyaev[228] ont mis en avant récemment le rôle crucial de l'environnement et des facteurs épigénétiques dans le développement squelettique. La formation osseuse est un processus dynamique lié à des variations de l'expression des gènes par des facteurs de stress externes,

---

[227] Darwin (ed.1992) L'Origine des espèces. GF-Flammarion, p. 495.
[228] Young & Badyaev (2007) Evolution of ontogeny : linking epigenetic remodeling and genetic adaptation in skeletal structures. Integrative and Comparative Biology. January p. 3-7.

entraînant alors des modifications des environnements cellulaires et intercellulaires, ou bien à des mutations sur des régions régulatrices du gène entraînant des modifications du temps, du lieu et du niveau d'action[229], aspects regroupés généralement sous le titre d'hétérochronies du développement[230].

L'os n'est pas du tout un pur produit d'un déterminisme génétique strict mais le résultat d'une histoire ontogénétique en partie liée à des facteurs génétiques et en partie liée à des facteurs environnementaux.[231] [232] Le biologiste interpelle ici le paléontologiste quant à l'attribution des formes. Il n'y a pas d'antériorité de la forme sur la fonction, mais un dialogue permanent dans la construction[233]. Young & al.[234] ont pu montrer que certaines espèces partageant un régime alimentaire donné étaient fonctionnellement similaires mais pas sur le plan morphologique. Ce qui signifie que plusieurs morphologies possibles sont à même de remplir des fonctions identiques. Il n'y a donc pas de forme obligatoire.

De manière générale c'est l'ensemble des travaux sur l'ontogenèse qui a été négligé par les évolutionnistes malgré

---

[229] Herring (1993) Formation of the vertebrate face: epigenetic and functional influences. Am.Zool., 33, pp. 472-483.
[230] Dreux (1999) Les hétérochronies du développement. DEA. Bordeaux 1.
[231] Hall (2003) Unlocking the black box between genotype and phenotype :cell condensations as morphogenetic (modular) units. Biology & Philosophy, 18, pp. 219-247.
[232] Newman & Müller (2005) Origination and innovation in the vertebrate limb skeleton : an epigenetic perspective. J.Exp.Zool., 304B, pp. 593-609.
[233] Carter, Mikic, Padian (1998) Epigenetic mechanical factors in the evolution of long bone epiphysis. Zool.J.Lin.Soc., 123, pp. 163-178.
[234] Young, Haselkom & Badyaev (2007) Fonctional equivalence of morphologies enables morphological and ecological diversity. Evolution.

l'ouvrage de Gould[235] en 1977, «Ontogeny and Phylogeny». Depuis quelques temps cependant on assiste peut-être à un retour prometteur de ce plan de la recherche fondamentale dans le cas des travaux sur l'ontogenèse humaine notamment.[236]

L'étude de la forme: exemple de la bipédie

Nous prendrons l'exemple de la bipédie humaine pour illustrer divers aspects morphologiques, du fait de l'intérêt qu'elle présente généralement dans la compréhension de l'évolution humaine:

> «Bipedalism is a key human adaptation and a defining feature of the hominid clade.»[237]

Le fossile baptisé *Orronin tugenensis*[238] et daté d'environ 6 millions d'années a été considéré comme bipède par la morphologie de son fémur mais possédant également des adaptations arboricoles d'après la morphologie de l'humérus et des phalanges de la main:

> «La tête fémorale, nettement déjetée vers l'avant, est sphérique avec une *fovea capitis* distincte. Elle regarde crânialement, mais moins que chez AL 288. 1ap (…). Le col fémoral est allongé et comprimé antéropostérieurement. Le *trochanter minor* est grand et saillant médialement. Une gouttière

---

[235] Gould (1977) Ontogeny and phylogeny. Harvard University Press, 501p.

[236] Farge (2009) L'embryon sous l'emprise des gènes et de la pression. Pour la Science, 379, pp 42-49.

[237] Richmond & Jungers (2008) Orronin tugenensis femoral morphology and the evolution of hominin bipedalism. Science.21, vol. 319, pp : 1662-1665.

[238] Senut & al (2001) First hominid from the Miocene (Lukeino Formation, Kenya). C.R.Acad.Sci.Paris, 332, pp :137-144.

> intertrochantérienne est visible. Les insertions des muscles vastes et fessiers sont bien marquées et la *tuberositas glutea* bien individualisée. La diaphyse fémorale est aplatie antéro-postérieurement, mais moins que chez AL 288. 1ap. Par rapport à la diaphyse, la tête est proportionnellement plus petite que chez l'homme moderne, mais plus grande que chez AL 288. 1ap.»

Cette longue description permet de bien se rendre compte de l'importance de la forme dans la diagnose de l'espèce décrite, et la base des interprétations fonctionnelles de ces caractères osseux. La forme permet de déduire la fonction, en l'occurrence les possibilités posturales de l'espèce et donc son comportement probable à l'époque. Pour l'étude de la morphologie fonctionnelle, les paléontologues établissent des rapprochements entre espèces voisines susceptibles d'avoir des origines communes. Ainsi Richmond et Jungers rapprochent ce fémur d'*Orronin* des genres *Australopithecus* et *Paranthropus*.

En fonction des adaptations fonctionnelles, c'est à dire de la morphologie osseuse et des mouvements réalisables par l'espèce, c'est même l'origine du comportement bipède qui est supposée. Ainsi Thorpe & al[239] proposent que l'origine de la bipédie puisse se trouver dans des adaptations arboricoles antérieures et non à partir d'une quadrupédie, comme plus généralement accepté. Une vaste étude de Richmond, Begun & Strait[240] a évalué le rôle qu'aurait pu jouer le knuckle-walking dans l'acquisition de la bipédie.

---

[239] Thorpe, Holder & Crompton (2007) Origin of human bipedalism as an adaptation for locomotion on flexible branches. Science, 316, p. 1328.
[240] Richmond, Begun & Strait (2001) Origin of human bipedalism : the knuckle-walking hypothesis revisited. Yrbk. Phys. Anthrop. 44, pp. 70-105.

Un dernier exemple nous est fourni par l'étude des douze os découverts en 1960 par M.D. Leakey, et appartenant à un même pied gauche d'*Homo habilis* (OH 8):

> «Sur les dix auteurs principaux à s'être penchés sur ce pied, deux concluent qu'il n'est pas adapté à la bipédie et, surtout, qu'il est arboricole. Deux autres soutiennent qu'il s'agit d'un pied intermédiaire entre un pied arboricole et un pied bipède. Et six le définissent comme un pied bipède proche de celui de l'homme. Selon nos propres résultats, il devait très probablement utiliser la bipédie comme mode de locomotion usuelle.»[241]

Le but de ces études est de pouvoir trouver une origine morphologique et par-delà comportementale à la bipédie. Et selon un schéma évolutionniste classique, les scientifiques sont à la recherche de précurseurs hypothétiques. Le comportement ancestral qui présentera les adaptations fonctionnelles ou anatomiques les plus proches de celle de la «vraie» bipédie sera probablement ce précurseur. Pourtant si une filiation peut être faite entre deux modes de locomotion, cela n'explique pas pour autant comment s'est effectué le passage de l'un à l'autre sur un plan biologique.

L'adaptation morphologique est donc le résultat d'une adaptation fonctionnelle de l'organisme à son milieu par le biais de son ontogenèse comportementale. Comment passe-t-on alors d'une adaptation fonctionnelle à une autre? Comment passe-t-on par exemple, d'une adaptation morphologique liée à un comportement quadrupède ou arboricole, à une adaptation morphologique liée à un comportement bipède?

---

[241]Deloison (1995) Le pied des premiers hominidés. La recherche, 281, pp. 52-55.

Puisque selon la théorie de l'évolution, c'est la sélection naturelle qui «conserve» les adaptations à partir de la variabilité individuelle au sein des populations, il faut que les caractères sélectionnés soient sous contrôle génétique. Le mécanisme traditionnel des pressions de sélection a alors été envisagé par de nombreux auteurs.

5.4 Le discours adaptationniste/sélectionniste

Gould et Lewontin[242] font débuter ce qu'ils nomment le «programme adaptationniste» ou le «paradigme de Pangloss» -en référence au Candide de Voltaire- vers la fin du dix-neuvième siècle. Selon eux, il est enraciné dans une notion popularisée par Alfred Russell Wallace et August Weismann, «l'omnipotence de la sélection naturelle à forger le design organique et façonnant le meilleur parmi les mondes possibles». Dans cette conception dite ultra-darwiniste ou encore pansélectionniste, seule la sélection naturelle intervient comme mécanisme déterminant les morphologies et les fonctions des organes et organismes à l'exclusion de tout autre. La sélection naturelle est totipotente et d'une puissance incomparable guidant et dirigeant seule la totalité des modalités évolutives, c'est la raison pour laquelle ce courant est considéré comme extrémiste. Gould et Lewontin reprochent à ce programme trop strict l'atomisation des organismes étudiés par les tenants de ce programme, en caractères, séparés, isolés et pris comme indépendants de la totalité organique, chacun de

---

[242] Gould et Lewontin (1979) The spandrels of San Marco and the panglossian paradigm: a critique of the adaptationist program. Proc.R.Soc.London B, 205 pp. 581-598.

ceux-là étant expliqué comme une structure optimisée par rapport à son contexte de fonctionnement et ce par le biais unique de la sélection naturelle. L'optimisation de l'organisme dans son entier est la seconde étape du programme et consiste en un savant calcul naturel de la meilleure solution parmi les possibles. Les parties sont donc plus ou moins bien optimisées en fonction de leur contribution au tout. Gould et Lewontin excluent Darwin de ce sélectionnisme radical, parfois attribué aux «fondamentalistes»[243] notant que même si Darwin, comme eux-mêmes, tenait la sélection pour principal mécanisme évolutif, il n'en excluait pas pour autant d'autres mécanismes. Darwin lui-même s'en est défendu dans la dernière édition de l'Origine reprenant une phrase, tirée elle, de sa première édition: «I am convinced that natural selection has been the main, but not the exclusive means of modification». De même dans une lettre[244] adressée à Sir Wyville Thomson, l'auteur de l'Introduction au voyage du Challenger s'exclamant: "Can Sir Wyville Thomson name any one who has said that the evolution of species depends only on natural selection?" La critique du programme adaptationniste a donc été voulue par ses auteurs telle une mise en garde contre les abus d'une application forcénée de la théorie de l'adaptation à toutes les structures et formes du vivant. Il faut comprendre que l'article de Gould et Lewontin de 1979 a eu auprès des adaptationnistes un impact essentiellement négatif par le frein qu'il mettait à leurs ardeurs. Les fervents adhérents à cette position se sont sentis attaqués dans leurs plus profondes bases.

---

[243] Gould (1997) Evolution : the pleasures of pluralism. The New-York Review of Books, june 26th, pp. 47-52.
[244] Darwin (1880) Sir Wyville Thompson and Natural Selection. Nature, 23, p. 32.

«The Spandrels» évoque aussi un aspect particulièrement intrigant. Il semble que le programme adaptationniste ait été particulièrement dominant en Angleterre et aux États-Unis essentiellement. Et les auteurs opposent à ce paradigme anglo-saxon, une version plus continentale de l'évolution, européenne et qui implique le jeu de tendances intrinsèques, de «bauplan»:

> « (...), les scientifiques du continent européen ont toujours préféré des explications structuralistes de la morphologie, depuis les thèses créationnistes d'Agassiz, en passant par les systèmes semi-évolutionnistes de Goethe et de Geoffroy, jusqu'aux théories complètement évolutionnistes de Goldschmidt et de Schindewolf au milieu du XXe siècle.»[245]

Il est intéressant de démontrer la réalité d'une telle dichotomie et d'essayer de comprendre comment elle survient et dans quel contexte. S'il est certain que Wallace et Weismann ont mis très tôt l'accent sur l'adaptation, comment la tradition a-t-elle perduré au cours des décennies? La tradition continentale soutient que l'adaptation n'est que superficielle et que la morphologie des organismes est déterminée par des mécanismes plus profonds que des ajustements immédiats. «Bateson considérait la sélection naturelle comme un facteur négligeable de l'évolution et comme une aberration sur le plan théorique.»[246] La tradition est fortement liée à l'idée de plan d'organisation des espèces que l'on trouve chez Buffon, St. Hilaire ou Goethe. Le type, l'essence de l'espèce n'est pas modifiée par la sélection. Une conception inverse se trouve chez Lamarck, pour qui «l'adaptation» est en elle-

---

[245] Gould (ed.2006) La Structure de la Théorie de l'Evolution. Gallimard Essais, p. 98.
[246] Idem, p. 550.

même essentielle. L'appréciation de la variabilité des espèces chez Cuvier, dans sa considération des races et variétés, dépend de l'observation de caractères «superficiels», c'est à dire de caractères qui n'ont pas d'incidence sur le Bauplan:

> «Mais ces changements sont bornés aux espèces qui vivent en domesticité; car dans l'état naturel, chaque animal habitant constamment les lieux qui lui conviennent le plus sous tous les rapports; les variétés qui peuvent survenir dans les caractères sont extrêmement rares; et d'ailleurs elles sont promptement détruites par le croisement avec des individus qui n'ont rien d'anormal.»[247]

Ces dernières années ont vu la reprise du débat adaptationniste mais celui-ci semble s'être porté sur la nature même de l'adaptationnisme. Godfrey-Smith[248] a tenté une typologie de l'adaptationnisme. Selon lui 3 types de problèmes distincts sont confondus sous cette acception: l'adaptationnisme empirique, l'adaptationnisme explicatif, et l'adaptationnisme méthodologique. L'adaptationnisme empirique de Godfrey-Smith rassemble toutes les opinions selon lesquelles la sélection naturelle possède un pouvoir ubiquiste et total, rien ne lui échappe. Aucun processus évolutif n'a d'importance face à la seule sélection. De la sorte on trouvera fréquemment dans la littérature l'équivalence entre les termes d'«adaptationnisme» et de «sélectionnisme», c'est le cas de Ahouse.[249] Cela signifie qu'il n'existe d'adaptation que grâce à la sélection et que

---

[247] Cuvier Histoire des sciences. III, p. 80.
[248] Godfrey-Smith (2001) Three kinds of Adaptationism. In Orzack & Sober Adaptationism & Optimality 2001, pp335-357.
[249] Ahouse J. (1998) The tragedy of a priori selectionism: Denett and Gould on adaptation. Biol&Philo, 13, 3, pp. 359-391.

finalement le fait d'adaptation n'est que secondaire et n'est qu'une conséquence de la sélection, ce qui correspond à la version de l'adaptation issue de la théorie synthétique et exclut tout autre mécanisme. L'adaptationnisme explicatif, met en avant le rôle primordial des évolutionnistes, à devoir expliquer l'adaptation, la sélection y jouant souvent un rôle prépondérant. Enfin l'adaptationnisme méthodologique consiste en une approche heuristique, l'adaptation jouant alors le rôle de concept organisateur. Dans ce dernier cas, la pensée téléologique perd plus ou moins sa caractéristique finaliste réelle au profit d'un finalisme de méthode et constitue donc une méthode d'étude efficace aux questions d'adaptation.

Godfrey-Smith soulève donc le fait que des conceptions différentes existent chez les protagonistes du débat adaptationniste et qu'il est possible de rejeter une forme sans rejeter les autres, parce que le débat n'a pas lieu aux mêmes niveaux. La question de savoir si l'adaptation est le principal phénomène évolutif à expliquer, relève de son adaptationnisme explicatif et porte sur une question plus philosophique que scientifique. Selon lui elle relève quasiment de la préférence des auteurs, il s'agit de la place que l'adaptation a à leurs yeux que la place qu'elle a objectivement dans les phénomènes de l'évolution.

A la suite de Godfrey-Smith, Lewens[250] a décrit sept types d'adaptationnisme, en scindant certains types précédents. L'adaptationnisme empirique est divisé en pan-sélectionnisme, pan-fonctionnalisme notamment, ce qui a pour but de démontrer l'indépendance de ces deux positions entre elles. On peut penser que ces précisions ont pour effet d'obscurcir un débat déjà assez peu clair, mais ces travaux

---

[250] Lewens (2009) Seven types of adaptationism. Biol&Philo., 24, 2, pp. 161-182.

ont le mérite de décortiquer les ressorts de la pensée adaptationniste qui n'est pas réductible à un problème de terminologie mais réfère à des problèmes de fond sur le plan de l'épistémologie. Lewens en particulier met en avant l'intérêt qu'il y a à préciser ce que l'on entend par «caractère» ou «trait», insistant sur une mise en garde qu'avaient fait Gould et Lewontin, mais qui ne semble pas avoir eu de véritable impact, tant probablement est grande la cinétique des idées.

Allen & Bekoff[251] posent la question: est-il si intéressant d'envisager des hypothèses de travail adaptationnistes, fonctionnalistes, téléologiques ou pas? Il existe un certain amalgame entre des notions telles que «design», «fonction», «adapté à» qui rend flou le débat. Originellement la téléologie a été controversée parce qu'elle était associée avec les conceptions pré-darwiniennes, créationnistes, mais ils constatent que les biologistes trouvent souvent difficile et dommage d'éliminer la téléologie de leurs discussions théoriques, tout simplement parce que c'est souvent une façon bien pratique de présenter les choses. Et même s'il est difficile de trouver explicitement dans la littérature des affirmations téléologiques, la souplesse du langage permet bien souvent de donner un sens implicite aux hypothèses. Ils confirment l'assimilation fréquente des termes «adaptation» et «fonction», principalement chez les éthologistes depuis les travaux de Tinbergen au moins, dans les années 60, mais également chez les biologistes et les sélectionnistes comme Sober. Allen & Bekoff insistent sur la nécessité de distinguer design et fonction: «Function, on our view, is neutral with respect to the phylogenetic pathway by which a trait acquires a function». La

---

[251] Allen & Bekoff (1995) Biological function, adaptation and natural design. Philosophy of Science, 62, pp. 609-622.

discussion porte là encore sur l'emploi de termes génériques pour désigner des phénomènes précis et montre que les confusions qu'engendre cet emploi sont bien souvent à l'origine des problèmes de compréhension et d'interprétation des phénomènes entre auteurs.

Reznik[252] conteste le caractère d'hypothèse de l'adaptationnisme prôné par Sober et Orzack et lui préfère la version heuristique ou stratégie de recherche. Il conclue que l'adaptationnisme n'est pas panglossien parce qu'il ne suppose pas que la sélection naturelle est la cause la plus puissante dans l'évolution, qu'elle optimise toujours les caractères. L'adaptationnisme guide la découverte biologique mais ne constitue pas une justification. Il est intéressant de constater chez Resnik le lien étroit qui est établi entre adaptationnisme et sélection naturelle car le paradigme panglossien en réalité ne réfère pas à la totipotence de la sélection naturelle, mais plutôt à l'adéquation parfaite dans la nature. Il y a donc encore une fois amalgame entre adaptation et sélection mais cela peut être dû à la lecture de Sober à la décharge de Resnik.

La critique du programme adaptationniste insiste en réalité sur le fait que toutes les structures, les formes, les fonctions observées ne constituent pas des adaptations. Godfrey-Smith et Lewens ont raison lorsqu'ils disent que le débat adaptationniste dépasse le simple cadre d'une querelle strictement scientifique, et s'étend largement sur le domaine de la philosophie de biologie et de la manière d'envisager l'histoire de la vie, ce sur quoi Gould a clairement insisté:

---

[252]Reznik (1996) Adaptationism : hypothesis or heuristic? Biol&Philo., 12, 1, pp. 39-50.

«le débat sur l'adaptation n'est pas une subtilité abstraite et insignifiante de la vie académique. Il englobe nos attitudes fondamentales à l'égard de l'histoire. La biologie évolutionniste est la science de base de l'histoire; le strict adaptationnisme, ironiquement, amoindrit l'histoire jusqu'à l'insignifiance en réduisant la relation de l'organisme avec l'environnement à une quête ponctuelle d'optimalité».[253]

5.5 Adaptation et sélection naturelle

Aujourd'hui, la notion d'adaptation ne peut être envisagée qu'en regard du mécanisme de la sélection naturelle: elle en est le résultat, le produit. Et inversement, la sélection naturelle est la seule explication scientifique qui ait été fournie pour comprendre l'adaptation depuis que le lamarckisme et l'hérédité des caractères acquis est tombé en désuétude depuis la synthèse moderne globalement. D'après Williams[254], il est regrettable que la théorie de la sélection naturelle ait été développée d'abord pour fournir un modèle explicatif au changement évolutif, car il serait plus important de la considérer comme l'explication du maintien de l'adaptation.

Les populations d'êtres vivants présentent des variations individuelles pour des caractères génotypiques ou phénotypiques dans le milieu où elles vivent. Il existe de ce fait un rapport statistique entre les caractères de la population, les données démographiques et l'environnement. La variabilité des caractères fluctue en

---

[253]Gould Stephen J. (1987) Un hérisson dans la tempête, LP, 278p.
[254]Williams George C. (1996) Adaptation and Natural Selection, Princeton University Press, 307p.

fonction des données démographiques et des changements environnementaux que subit la population. La sélection naturelle est alors envisagée comme la survie différentielle des individus au sein de la population dans des environnements changeants. Si l'on ne distingue pas la sélection naturelle du simple tri, les individus ou groupes d'individus survivants dans des environnements donnés sont dits adaptés à ces environnements parce que l'équation statistique de la survie de ces individus apparaît comme une adéquation à l'environnement. Voici une version de l'adaptation biologique qui est plutôt celle des biologistes des populations, des généticiens. Tous ne s'accordent pas avec cette vision de l'adaptation qui est très large puisqu'elle tend à considérer que tout individu qui survit dans un environnement donné est adapté à cet environnement. Bon nombre d'auteurs ont critiqué la tautologie consistant à considérer la survie des plus adaptés, donc la survie des survivants. Gould propose une version différente:

> «l'adaptation significative doit être définie comme intention activement développée au vu des circonstances locales et non par le seul fait de s'en sortir tant bien que mal au moyen de caractéristiques héritées, piètrement adaptées aux besoins actuels».[255]

Cette définition considère l'adaptation dans un sens beaucoup plus restrictif. Il s'agit de pouvoir l'apprécier autrement que par les calculs démographiques et de génétique des populations. Il s'agit de pouvoir mettre en évidence des structures particulières que nous disons adaptatives parce qu'elles correspondent à un besoin, à une réponse face à l'environnement. Vbra et Gould ont insisté

---

[255]Gould Stephen J. (1987) Un hérisson dans la tempête, LP, 278p.

sur la nécessité de distinguer entre la sélection naturelle et le tri[256]. Parce que la sélection naturelle est souvent définie par la phrase de Spencer «la survie des plus aptes» et qu'aujourd'hui cette aptitude est elle-même définie en termes de fitness des populations, la tautologie consiste à considérer que finalement si seuls les individus qui survivent sont les plus aptes alors l'aptitude elle-même n'est définie qu'en terme de survie. L'argument est donc circulaire: les populations survivent parce qu'elles sont mieux adaptées, et elles sont mieux adaptées parce qu'elles survivent. Si l'on ne définit l'adaptation que par rapport à la survie des populations, alors elle n'est pas différente de l'aptitude ou de la fitness. De plus il n'est pas possible sur la simple constatation des taux de survie différentiels d'expliquer quelles en sont les origines, et dans ce cas la sélection naturelle n'est pas autre chose qu'un simple tri. Or Gould et Vbra entendent définir l'adaptation en rapport avec les circonstances comme processus actif, au sens de l'amélioration de la correspondance entre forme et la fonction. La question de l'erreur de comptabilité/sélection naturelle a été largement traitée par Gould, mais également par Lewontin, Ariew[257], Krimbas. Notamment la confusion entre «reproductive fitness» et la métaphore darwinienne du «fitting» des organismes par rapport à leur niche. De trop nombreux facteurs biologiques sont oubliés dans ces bilans comptables qui ne reflètent que trop aléatoirement de réels processus de sélection.

---

[256] Vbra & Gould (1986) The hierarchical expansion of sorting and selection: Sorting and selection cannot be equated. Paleobiology, 12, pp. 217-228.
[257] Ariew & Lewontin (2004) The confusion of fitness. Brit.J.Phil.Sci, 55, 2, pp. 347-363.

Il faut probablement voir là une réponse des «morphologistes» que sont les paléontologues à la théorie synthétique et ses prolongements vers le sélectionniste génique de Dawkins par exemple. Les généticiens envisagent la survie différentielle comme un équivalent de l'adaptation mais en réalité, en quoi la survie différentielle prouve-t-elle l'adaptation? Elle peut avoir en effet d'autres origines, comme le hasard. Un événement catastrophique peut conduire à l'élimination d'une partie du pool génique d'origine, sans que pour autant la partie survivante ait quoi que ce soit de plus «correspondant» à l'environnement. Lors d'une épidémie ou lors d'une catastrophe naturelle de type tsunami, avalanche ou éruption volcanique, la survie ne peut être attribuée qu'à une «coup de chance»: celui de n'être pas là au bon moment. En quoi une absence pourrait-elle démontrer une adaptation aux conditions du milieu?

Selon Gould, Darwin n'a pas basé son critère d'adaptation sur la simple survie des individus, mais sur le fait «qu'ils possèdent les caractéristiques désirées».[258]

Prenons l'exemple tiré d'un ouvrage récent[259] de l'explication de la sélection naturelle. Tout d'abord, elle est différenciée de la dérive génétique grâce à la présentation schématisée d'un tirage aléatoire de caractères au sein d'une population hétérogène (également établie aléatoirement). Il est montré comment en quelques générations on peut passer à l'homogénéisation d'un caractère dans cette population (supposée constante en effectifs). Notons au passage que dans un tel exemple, on passe de l'hétérogène à l'homogène. Ce passage est dénommé dérive génétique. En même temps, il n'y a guère d'autre solution statistique appréciable. Soit la

---

[258] Stephen Jay Gould (1976) Darwin's Untimely Burial. In Michael Ruse, ed., Philosophy of Biology, New York: Prometheus Books, 1998, pp. 93-98.
[259] Lecointre (2009) Guide critique de l'évolution. Belin. 572p.

population reste hétérogène et l'on considère qu'il ne se passe rien de spécial pour le caractère considéré, soit elle devient homogène: c'est le mur de gauche de Gould[260], exprimant qu'il s'agit de limites statistiques. Les caractères sont présumés ici, comme n'ayant aucune relation particulière à l'environnement, ils ne sont ni défavorables pour l'individu, ni défavorables dans cet environnement précis.

Le cas suivant tente d'expliquer simplement la sélection naturelle en ajoutant au cas précédent un critère de relation à l'environnement. On part du principe que le caractère (ou la mutation) est avantageux ou désavantageux par rapport à l'environnement. Cela doit donc être déterminé sur la base d'une connaissance de la relation entre le caractère et l'environnement. Qu'est-ce que l'environnement? Puisqu'il s'agit d'expliquer la sélection naturelle, on en déduit que l'environnement en question est naturel lui aussi. L'environnement, c'est la nature, extérieure à l'individu. Un exemple typique de facteur environnemental c'est la température, facteur physique. Mais l'environnement ou le milieu d'un individu, c'est plus que les facteurs physiques, ce sont aussi les facteurs biologiques, écologiques, sociologiques. Or on ne connait que trop rarement l'influence de ces différents facteurs pris ensemble sur un caractère, un environnement global. L'on doit donc supposer que l'environnement est un terme générique englobant toutes sortes de facteurs extérieurs à l'individu. Nous reviendrons plus tard sur la pertinence de cette extériorité. Il est rappelé ensuite que les caractères doivent être héritables, donc génétiquement déterminés sous-entendu. Le cas des pinsons de Darwin est pris comme

---

[260] Gould (ed.1997) L'éventail du vivant. Seuil, 308p.

exemple ensuite. On sait que le caractère «taille du bec» est héritable. La sélection naturelle avantage les individus ayant la taille de bec appropriée à la taille des graines. Une comptabilité des individus et des mesures sur les tailles permet de démontrer cette sélection, ce qui a pour effet de renforcer l'idée que le caractère est bien sous contrôle génétique.

Admettons une population hétérogène présentant des individus dont les tailles de bec sont toutes différentes, dans un milieu où toutes les tailles de graines sont disponibles. Survient ensuite un événement qui ne laisse disponible que les petites graines. Les individus à gros bec sont désavantagés parce que, eux-mêmes un peu plus gros, on considère qu'ils doivent en manger plus et que ce n'est pas un avantage, soit. Donc le résultat de la sélection naturelle, c'est le maintien des individus à petit bec et l'élimination progressive des gros becs. Ceci fonctionne très bien si l'héritabilité du caractère est forte, c'est à dire sous contrôle génétique principalement. Tous les individus à gros becs sont éliminés de la population, qui ne peut plus produire que des individus à petit bec. Remarquons au passage que cela ne permet pas de trancher entre sélection positive et sélection négative: avantage aux petits becs ou désavantage aux gros becs?

Mais l'héritabilité des caractères est rarement aussi nette. Imaginons que la taille du bec ait une héritabilité différente de 100%, cela signifie que l'environnement ou le milieu joue un rôle dans la constitution de ce caractère. C'est donc une question d'ontogenèse désormais que de connaître la variabilité de la taille du bec au cours de la croissance et son déterminisme. Si le milieu peut influer sur la taille du bec, alors un individu soumis dès son plus jeune âge à une taille de graine particulière, va "ajuster" sa morphologie petit à petit. En fonction de l'héritabilité du caractère, plus celle-ci décroît et plus la part de l'influence du milieu s'accroit dans la constitution morphologique du bec. A l'extrême, une héritabilité de 1%, soit un contrôle presque total du milieu aurait pour effet d'ajuster tous les individus d'une population à la taille des graines présentes en une génération. La véritable valeur de l'héritabilité se trouve entre les deux, mais il est très difficile sur le simple établissement de comptabilités d'en différencier les effets.

Imaginons maintenant que la taille du bec soit héritable en partie seulement, soit 50%. Alors les résultats comptables seront les mêmes: les petits becs sont avantagés et une partie au moins des gros becs devient des petits becs. Comme il n'y a pas un suivi individuel mais populationnel, on ne sait pas qui sont les petits becs? Sont-ils issus uniquement des petits becs de la génération précédente ou bien une partie provient-elle des gros becs également et dans quelle proportion ?

Mais si l'héritabilité est de 1%, les petits becs sont toujours avantagés (ils avaient déjà développé de petits becs) et les gros becs deviennent de petits becs à la génération suivante, de sorte qu'il n'y a plus aucun gros bec à la seconde génération. Ce cas extrême inverse au cas des 100%, est donc lui aussi facilement observable, dès lors que l'on sait délimiter la deuxième génération au sein de la population, sans quoi les effets se mélangent et deviennent indiscernables. Quelle que soit l'héritabilité, on a toujours une population qui s'homogénéise pour le caractère considéré dans un milieu homogène.

Prenons maintenant le cas d'un événement qui entraîne la constitution de deux tailles de graines bien différenciées, une répartition des tailles bipartite. Le milieu est devenu hétérogène. La sélection naturelle va amener la population initiale à se scinder en deux groupes selon le phénomène appelé déplacement de caractère. Selon la théorie de la niche, on considère qu'il y a désormais deux niches au lieu d'une seule.

- Si l'héritabilité est de 100%, la population va se diviser en deux sous-populations, susceptibles à terme de devenir des espèces différentes, c'est un cas de spéciation typique.
- Si en revanche, l'héritabilité est proche de 1%, par accommodation la population risque également de se scinder en deux groupes, les uns développant un petit bec, les autres un gros.
- Si enfin l'héritabilité est intermédiaire, il faudra savoir départager les effets génétiques des effets de l'accommodation dans les résultats comptables de la population.

Ce n'est donc pas le comptage final qui permet de dire s'il y a eu sélection naturelle ou pas, dans le cas où la sélection naturelle est juste validée avec une forte héritabilité. Comment alors appeler le phénomène de sélection dans le cas d'une héritabilité faible ou moyenne ?
Dans le cas d'une héritabilité différente de 100%, il existe une marge de manœuvre pour les individus (qui est développementale, ontogénétique). Un individu peut développer le caractère favorable en partie. Si la forme du bec ne dépend que ne serait-ce que 10% du milieu, les individus pouvant développer un bec plus gros seront avantagés eux aussi, dans une moindre mesure que ceux ayant déjà des gros becs certes, mais tout de même. Ceux pouvant développer de gros becs vont le faire s'ils en ont l'occasion. Notre répartition bivariée des tailles de becs correspondant aux tailles de graines, ne permet pas de dire si c'est la sélection naturelle qui agit ou pas, cela dépend de l'héritabilité:

Si H=100%, alors on dit sélection naturelle
Si H<100% alors on dit quoi?
La population résultante dans les deux cas est "adaptée" à la taille des graines, aux deux niches. Elle a été sélectionnée par le critère "taille des graines". C'est donc bien également de la sélection naturelle, mais beaucoup plus compliquée. Le résultat du processus de sélection (le résultat comptable) ne "renforce" pas le déterminisme génétique du caractère.

L'apprentissage ou l'habitude sont les éléments du "milieu" qui peuvent influer sur la croissance du caractère, sans pour autant être inscrit dans le génome. Ils ne s'inscriront d'ailleurs jamais, mais les comportements peuvent persister par l'apprentissage et l'habitude des individus justement.

Alors qu'en est-il à ce stade de la question de l'environnement ? Dans un cas d'héritabilité faible, il est très influent sur le caractère considéré, en l'occurrence la morphologie du bec. (Rappelons qu'il s'agit d'une hypothèse transposable à n'importe quel autre caractère, et que l'on ne se préoccupe pas ici de savoir si réellement la forme du bec est sous haut contrôle génétique.) Si les effets de l'apprentissage ou de l'habitude peuvent, par accommodation (que l'on nomme aujourd'hui plasticité phénotypique), modifier le caractère en question, la notion d'environnement devient très réductrice dans son acception actuelle.

6 Scénarios adaptatifs chez l'homme

6.1 L'adaptation humaine?

L'homme est-il adapté à un environnement particulier et lequel? Weiner[261] suggère que ce dernier est globalement adapté à la vie tropicale. C'est une première forme d'adaptation à un type de climat particulier, s'entend toute une quantité de paramètres physiques d'ensoleillement, d'hygrométrie, de température etc... C'est aussi une façon de faire un lien historique avec le problème des origines des populations humaines actuelles. Weiner invoque alors différentes caractéristiques venant à l'appui de cette thèse: il aborde ainsi les questions de la réduction de la pilosité en rapport avec des mécanismes de thermorégulation: il est fort avantageux que la couverture pileuse soit réduite pour favoriser la transpiration. La couleur de la peau (pigmentation), la résistance à l'effort (endurance), la morphologie du corps et de la face sont avancées comme adaptations. Il s'agit de caractéristiques qui seraient typiquement humaines et qui définiraient l'homme dans l'espace et le temps, taxonomiquement et historiquement. Ce sont des adaptations des populations humaines d'aujourd'hui, récentes donc puisqu'elles datent de l'époque à laquelle s'est différencié l'*homo sapiens sapiens* en Afrique équatoriale et qu'il a dû s'adapter à ce milieu qui servait de berceau à l'humanité entière. Cela permet d'expliquer des fonctionnements et des caractéristiques qui

---

[261]Weiner (1971) La genèse de l'homme. Ed. Rencontre, Lausanne, 383p.

aujourd'hui, dans le monde actuel et sa variété d'environnements (les environnements artificiels s'ajoutant), semblent étrangement inutiles. Cette hypothèse explique par des causes passées, des caractéristiques actuelles. En termes d'histoire biologique, cela est tout à fait compréhensible, en termes d'adaptation ça l'est moins. Pourquoi les populations n'auraient-elles pas évolué sur le plan adaptatif face aux nouveaux environnements qu'elles découvraient et où elles s'installaient? L'auteur invoque ici la question du temps nécessaire à la réalisation des adaptations. Or ces populations modernes tropicales vivaient à l'origine il y a environ 50.000 ans. Elles auraient ensuite diffusé dans le monde entier. Le temps ne serait donc pas suffisant pour permettre d'effacer ces anciennes adaptations.

Dans la même veine de travaux, Langaney[262] dit: «c'est sans doute au mode de vie de ces derniers [les chasseurs-cueilleurs qui étaient présents depuis quatre millions d'années] et à leur adaptation au lieu, que nous devons la plupart de ces caractéristiques biologiques actuelles, que quelques millénaires d'agriculture n'ont pas eu le temps de beaucoup changer». Là encore, l'héritage est ce qui caractérise le mieux l'homme actuel et l'adaptation n'a pas eu suffisamment de temps pour être modifiée. Cette notion d'héritage biologique est importante. L'homme dans la taxonomie est un hominidé (famille), un primate (ordre), un mammifère placentaire (sous-classe) et en tant que tel il partage avec ses cousins un certain nombre de caractères en commun. Certains de ces caractères constituent-ils des adaptations?

L'évolution de l'encéphale semble attester des caractères adaptatifs de cet organe dans la vie de relation. La

---

[262]Langaney (1988) Les hommes: passé, présent, conditionnel. Armand Colin, 252p.

locomotion sous ses divers aspects est une forme d'adaptation au déplacement. En effet pour que des mammifères puissent se reproduire il faut qu'ils se rencontrent, mais il faut aussi qu'ils se reconnaissent, et encore, avant tout, il leur faut subsister et donc se nourrir... Il découle de ce type de raisonnement que tout ce qui vit est adapté quelque part mais plus encore que «l'animal» montre une complexité adaptative telle que tous les phénomènes et donc les caractères sont en interrelation, en interdépendance. Si l'ensemble est loin d'être parfait, un minimum d'organisation assure le fonctionnement du système. On pourrait complexifier encore en passant au niveau d'intégration biologique «supérieur»: l'écosystème, le biome, la biosphère. Ce raisonnement confère-t-il toujours à une forme d'adaptation? Oui, si l'on considère que seuls ceux qui survivent sont adaptés... cela semble pourtant trop simple et c'est pourquoi Gould[263] dit que: «la simple existence ne peut valider ce concept erroné d'adaptation sans faire figure de tautologie. L'adaptation significative doit être définie comme une intention activement développée au vu des circonstances locales, et non par le seul fait de s'en sortir tant bien que mal au moyen de caractéristiques héritées, piètrement adaptées aux besoins actuels». Nous avons déjà cité cette phrase mais elle prend ici tout son sens. On perçoit l'enjeu philosophique qui nargue les frontières du déterminisme. On peut alors penser que l'adaptation est une forme de «spécialité» présentée par l'espèce et indépendante de son héritage phylogénétique (sauf d'un point de vue structurel, de contrainte). La survie différentielle n'est pas la sélection naturelle. Tout ce qui est trié n'est pas forcément adaptatif. L'homme est donc (au même titre que ses cousins) une mosaïque de caractères

---

[263]Gould Stephen J., 1987, Un hérisson dans la tempête, LP, 278p.

dont certains sont des structures héritées, résultantes fortuites du rapport de l'ontogenèse à la phylogenèse, d'autres des adaptations (au sens de Gould), d'autres encore d'anciennes adaptations aussi... Les humains qui peuplent aujourd'hui encore une bonne partie de la France sont les descendants des survivants de la grande Peste du XIVe siècle: quarante mille morts rien qu'à Paris, vingt-cinq millions en Europe. Ceux qui ont échappé à ce fléau ne constituent pas une fraction adaptée de la population initiale. C'est là que s'opère la différence entre sélection naturelle et simple tri. C'est eux en partie qui donneront les descendants qui ont persisté jusqu'à aujourd'hui. Cette population survivante a été triée mais pas en rapport avec un processus d'adaptation, c'est simplement un coup de dés.

6.2 Le problème bipède

Le corpus de discours et d'études sur le problème de la bipédie constitue l'archétype de la pensée adaptationniste. Si le paradigme adaptationniste est le courant de pensée qui voit l'adaptation partout à l'œuvre, il est structuré par trois piliers: le fonctionnalisme, l'utilitarisme et l'unicité[264].

Il existe un problème de définition de la bipédie humaine. En effet celle-ci existe également ailleurs dans le règne animal mais elle entretient des rapports étroits avec la lignée humaine pour la bonne et simple raison qu'elle fait partie intégrante du concept d'homme, de la définition de

---

[264]Dreux (2002) Le paradigme adaptationniste. Réflexions épistémologiques sur les modèles de l'adaptation biologique appliquée à l'anthropologie. Certificat International d'Ecologie Humaine. UPPA, 57p.

l'humain sur le plan biologique. La bipédie existe sans l'homme mais la réciproque n'est pas vraie. Cette étroite parenté est une garantie de l'intérêt que portent les communautés scientifique et philosophique au problème bipède. Il suffira d'évoquer l'anecdote de Platon définissant l'homme comme un bipède sans plume et la farce de Diogène Laërce apportant un coq déplumé à l'école du maître, lui demandant s'il s'agissait là d'un homme, pour montrer la longue histoire du problème.

La bipédie a toujours fait partie de la définition de l'homme et encore aujourd'hui on tente de mieux la comprendre pour mieux cerner notre propre réalité. «Some of the most long-standing question in paleoanthropology concern how and why human bipedalism evolved» est la phrase introductive d'un article de synthèse de B. Richmond[265], digne représentante des phrases introductives de tous les articles ou presque traitant de la bipédie. Cette phrase type rappelle au lecteur en quoi sa lecture sera d'une importance capitale pour la compréhension de l'évolution humaine. Elle contient à peu de choses près, tous les enjeux de la recherche sur le problème bipède, sur le plan de l'histoire des idées, comme l'existence d'un éternel problème toujours sans solution définitive à l'heure actuelle et aux multiples questionnements scientifiques et philosophiques, bien que ces derniers soient censés n'être qu'implicites puisqu'il s'agit d'articles scientifiques… La science ne s'est-elle pas depuis longtemps détachée de la philosophie? Nous sommes soi-disant aujourd'hui à mille lieues de ces «temps archaïques» ou s'entremêlaient physique et métaphysique, l'une subordonnée à l'autre. La science s'est

---

[265]Richmond, Begun & Strait (2001) Origin of Human Bipedalism : The Knuckle-Walking Hypothesis Revisited. Yrbk Phys.Anthrop., 44, pp. 70-105.

émancipée n'est-ce pas, et a défini son rôle par rapport à la philosophie: l'une s'occupe de répondre au «comment» et l'autre au «pourquoi». Il est donc tout à fait accidentel de trouver dans cette phrase d'introduction d'article scientifique un «why» à peine déguisé au beau milieu d'un questionnement scientifique... Si la présence du «why» n'était pas intentionnelle, elle n'en reste pas moins très révélatrice d'un syndrome qui touche toute la profession et là réside tout l'intérêt de porter un regard épistémologique sur ce corpus d'études.

Le problème bipède et probablement toutes les attentions portées à l'évolution humaine ne sont pas totalement détachés des questions philosophiques, et en réalité il est fort probable qu'elles constituent une toile de fond aux orientations interprétatives des recherches en question. L'on pourrait faire le même type d'analyse pour d'autres évolutions cruciales que sont celles du cerveau ou de la culture. Il s'agit d'un problème épistémologique faisant intervenir des cadres conceptuels puissants jouant le rôle d'orienteurs dans les interprétations de l'évolution humaine.

Les études actuelles de biologie générale sur la posture bipède et ses nombreuses implications et ramifications comportent plusieurs volets concernant des domaines de recherche disjoints mais travaillant en parallèle. La bipédie est étudiée en tant que mode de locomotion avant tout, ce qu'elle est le plus, utilitairement parlant; un système dynamique morpho-fonctionnel, dont on scrute finement l'anatomie ou la neurophysiologie. Proches de la médecine, ces branches tentent de mieux cerner par les méthodes et les outils les plus modernes ce qu'est la bipédie humaine. Comment arrive-t-on à marcher en quelque sorte? Et lorsque l'on voit effectivement le nombre d'opérations que comporte le programme, l'on est en droit de se poser la question. La marche est décomposée, la morphologie osseuse est connue par cœur des logiciels d'analyse tridimensionnelle. Tout cet arsenal de machines mesurant nos performances et nos gestes quotidiens est mis en place pour mieux connaître notre propre fonctionnement. On cherche à évaluer la performance de ce mode de locomotion, performance technique puisque basée sur une architecture osseuse et musculaire. La machine bipède apparaît dès lors comme extrêmement complexe. Le contrôle postural par le système nerveux apparaît comme une extraordinaire machine. Peut-on en tirer des conclusions épistémologiques? Que doit-on comprendre de cette complexité démontrée, chiffrée? N'y a-t-il pas là une volonté inconsciente de valoriser cette caractéristique humaine? La bipédie se trouve magnifiée par l'attention qu'on lui porte.

Les approches telles que les études ontogénétiques ou le développement psychomoteur quant à elles, démontrent la réelle difficulté de mise en œuvre et d'apprentissage de ce mode de locomotion[266]. Ce qui pourrait apparaître comme un bémol dans ce vaste programme est l'ensemble des études de pathologie liées à la station verticale. En dehors des applications médicales et des buts philanthropiques pour soulager les maux, il existe dans la littérature une manière d'utiliser cet argument comme faire valoir. La bipédie, ce mode de locomotion (presque) unique dans le monde a pu être acquis au prix de longs efforts, et l'homme devra en supporter les conséquences, sorte de damnation aux reflets mythologiques prométhéens. C'est le prix à

---

[266]Viallet & Gayraud (2003) Troubles de la posture et camptocormie. Neurologies, 6, pp. 363-369.

payer pour ce trésor qu'on nous a confié comme l'a dit Landau[267].

A côté de ces tentatives technologiques de définition de la bipédie actuelle, la paléontologie tente une approche temporelle. Le phénomène bipède existe tel qu'il est depuis quand? Et qui le pratiquait alors? Depuis les premières recherches du chaînon manquant jusqu'aux plus récents bouleversements tchadiens,[268] les scientifiques traquent les plus anciens bipèdes. Et les dates reculent toujours plus dans le temps. La découverte de la bipédie chez les australopithèques puis plus récemment chez *Orronin tugenensis*[269] a fait sortir cette caractéristique d'une définition strictement humaine. Grandes conséquences qui font de ces êtres des presque humains puisqu'ils en portent l'une des caractéristiques les plus fondamentales mais qui font également partager cette caractéristique. D'où les nombreuses discussions pour tenter d'intégrer les australopithèques ou pas dans notre propre lignée. Or puisque la lignée australopithèque a fini par être écartée de l'ascendance directe de l'homme, la bipédie nous échappe... C'est alors la lignée humaine qu'il faut redéfinir puisque l'homme est un cadre trop restreint. Si la bipédie n'est plus strictement humaine c'est que la définition de l'homme n'est pas assez large et que nous devons considérer nos lointains cousins comme de véritables membres de notre famille proche. D'où un mouvement de rapprochement avec ces êtres et des présentations de Lucy comme l'aïeule dont

---

[267]Landau (1984) Human Evolution as Narrative. Am.Scientist, 72, pp. 262-268.

[268]Brunet & al. (2002) A new hominid from the upper Miocene of Chad, Central Africa. Nature, 418, pp. 145-151.

[269]Senut & al (2001) First hominid from the Miocene (Lukeino Formation, Kenya). C.R.Acad.Sci.Paris, 332, pp. 137-144.

l'iconographie suit. On nous présente des ancêtres de plus en plus humains, il faut bien qu'ils le soient puisqu'ils sont bipèdes.

Malgré l'acceptation, du moins en parole, du buissonnement évolutif[270], un fond idéologique traditionaliste semble persister. Sur le plan adaptationniste, dans une recherche de la meilleure adaptation possible, cela se traduit par une quête de l'efficacité, de l'optimalité. Il existe toute une cohorte d'études sur ces problèmes visant à démontrer si oui ou non la bipédie humaine est efficace.[271] Le fond idéologique -peu scientifique- est qu'un caractère efficace doit forcément être sélectionné au cours de l'évolution. Si la bipédie est efficace, alors cette efficacité est à l'origine de la bipédie. La recherche de l'optimisation des processus au cours du temps possède des accents très industriels, provenant de l'économie de marché plus que des phénomènes naturels de l'évolution. On notera au passage qu'il reste difficile de préciser le sens de l'influence entre économie et sciences naturelles, certains économistes[272] usant de modèles naturalistes. Nous pensons pour notre part que si les sciences économiques ont été propulsées par les modèles issus des sciences physiques au XVIIe et XVIIIe siècles[273], c'est plutôt l'économie qui a influencé les modèles naturalistes dits darwinistes, Darwin lui-même ayant été largement influencé par l'air du temps d'une société industrielle. Par ailleurs ces recherches chiffrées sur

---

[270] Picq (2002) Une évolution buissonnante. Pour la Science, 300, pp. 32-36.
[271] Steudel (1996) Limb morphology, bipedal gait, and the energetics of hominid locomotion. AJPA, 99, pp. 345-355.
[272] Raveaud (2009) Causalité, holisme méthodologique et modélisation «critique» en économie. L'homme et la société, n° 170-171, pp. 15-46.
[273] Dostaler (2009) Les lois naturelles en économie. Émergence d'un débat. L'homme et la société, n° 170-171, pp. 71-92.

l'accroissement de l'efficacité portent également leur regard sur le modèle des grands singes. Aussi heuristiques soient-elles, ces réflexions flirtent toujours avec la limite, désormais infranchissable conceptuellement, de la comparaison ancêtre-descendant. L'efficacité de la bipédie chez les chimpanzés nous renseigne-t-elle réellement? Cela paraît évident qu'elle est moins efficace que la nôtre puisqu'ils ne sont pas bipèdes! Est-il intéressant de faire de telles comparaisons? Mais le fait de montrer cette différence entre eux et nous, eux en tant que «modèles» de notre ancêtre, accroît probablement notre mérite. Serait-il intéressant de tester l'aptitude à la brachiation chez les humains? Il existe peut-être là ce que Bachelard[274] désigne par obstacle épistémologique: «Parfois une idée dominante polarise un esprit dans sa totalité». En cela le buissonnement évolutif ne serait pas véritablement intégré puisqu'il nécessiterait que l'on considère les grands singes comme des systèmes différents, tout aussi actuels que nous et ne pouvant en aucun cas rentrer dans les comparaisons de type ancêtre descendant. L'argument est bien connu et souvent mis en avant, mais il semble n'avoir qu'une valeur d'étiquette du genre «oui nous savons bien mais quand même...» Le degré de parenté entre les grands singes et l'homme autorise-t-il ces comparaisons qui véhiculent toujours les archétypes de l'évolutionnisme du XIXe siècle? Là encore la valeur heuristique du problème est mise en avant comme pour se prémunir de toute critique de ce point de vue, mais le mode de raisonnement établi un lien implicite de linéarité évolutive, ce que par ailleurs les plus récents développements de la théorie générale de l'évolution s'efforcent de combattre... Malgré tous les travaux depuis Darwin, il persiste un vieux fond

---

[274]Bachelard (1999) La formation de l'esprit scientifique. Vrin, 256p.

évolutionniste basé sur l'idée de linéarité, de chaînon manquant et totalement contraire à l'idée récente de buissonnement. Force est de constater avec Bachelard que les images ont la vie dure. La notion même, relativement récente, d'évolution mosaïque a parfois des accents de réminiscence du chaînon manquant. Dans cette recherche d'efficacité, de bipédie optimale, la paléoanthropologie force l'analogie pour mieux l'intégrer dans un évolutionnisme progressiste sous-jacent, continuant de proposer des modèles d'interprétation empreints de notions telles que l'accroissement de la complexité comme marque de progrès, l'accroissement de l'efficacité. Elle n'est pas non plus à l'abri des nouvelles formes de l'adaptationnisme déguisé en «Intelligent design» que des modèles numériques rendent plus crédibles.

Puisqu'il n'est pas possible d'élargir trop la définition de l'homme, les découvertes fossiles s'accumulant, force est de constater que la bipédie est pratiquée ailleurs par d'autres depuis longtemps. Que font alors les scientifiques, en réaction? Ils inventent plusieurs bipédies. L'accumulation des restes fossiles a conduit à la reconnaissance de différentes espèces d'hominidés et les comparaisons avec d'autres primates actuels ont mis en évidence des modes de bipédie quelque peu différents[275]. Ainsi ces lointains cousins pratiquent également une bipédie mais qui est franchement différente de la nôtre. Le caractère caricatural de notre description est volontaire. Par un mouvement inverse cette fois, la généalogie humaine est vue dans la distanciation. Entre temps Lucy a perdu son rang de vénérable ancêtre pour une place de vague cousin éloigné, probablement étranger. Question de perspective. Si l'on s'en

---

[275]Berillon & Marchal (2005) Les multiples bipédies. Pour la Science, 330, pp. 76-83.

tient à l'analyse cladistique qui reste aujourd'hui la seule méthode valable de phylogénie, le partage de caractères communs entre groupes frères doit être considéré comme un héritage ancestral commun. De ce point de vue la bipédie ou les bipédies sont des caractères ancestraux, partagés par tous les groupes frères. Mais chacun de ces groupes ayant évolué pour son propre compte, les bipédies sont différentes. La bipédie originelle n'est pas un caractère net et tranché, c'est une possibilité locomotrice chez un ancêtre non spécialisé. Il n'est que normal que les bipédies des descendants ne soient pas strictement les mêmes si elles ont été conservées comme modes locomoteurs important. Mais l'analyse cladistique n'a rien à voir avec l'idée que les grands singes puissent constituer un modèle de l'ancêtre de l'homme, seuls les caractères partagés par l'homme et les grands singes attestent de leur ancienneté partagée.

Du point de vue épistémologique, va se poser la question épineuse de la possibilité du «passage» évolutif d'un système intégré à un autre. Si chaque espèce hominidée possède sa propre bipédie particulière comment peut-on envisager de passer à la nôtre? Il y aurait une solution de continuité mais la communauté scientifique est allergique aux changements brusques. Aucune base biologique dans l'état actuel des connaissances n'apporte de réponse à ce problème majeur. Abandonner le mode de réflexion linéaire qui est au fondement de la paléoanthropologie apparaît comme une perte de repères. Soit ce mode de raisonnement possède un principe d'inertie qui n'a d'égal que la puissance de la théorie qui l'a fait naître, soit la communauté ne sait pas réfléchir autrement? L'abandon impliquerait l'acceptation de visions plus systémiques et plus «justes» scientifiquement mais qui poseraient un nombre considérable de questions quant aux mécanismes évolutifs permettant le passage d'un système à un autre, l'évolution même.

Les choses sont rarement envisagées sous cet angle en paléoanthropologie, certains questionnements scientifiques sont totalement éludés. C'est le cas des problèmes ontogénétiques mais c'est également le cas des bases biologiques et notamment génétiques des problèmes. Les rares tentatives ont échoué, rapidement éteintes. Marks[276] posait la question de l'assimilation génétique de la bipédie en 1989. En effet dans les scénarios adaptationnistes proposés comme explications à la bipédie, comme l'augmentation du champ de vision ou le transport, comment s'est produit l'inscription génétique du caractère bipède? Doit-on considérer que ces comportements sont sous contrôle génétique? Si non comment se sont-ils transmis à la descendance? Serait-ce un effet de l'assimilation génétique? La communauté scientifique n'a pas eu de réaction. Certes il présentait des conceptions qui ne sont pas en odeur de sainteté dans l'orthodoxie cependant il mettait en avant des problèmes scientifiques majeurs ayant des implications épistémologiques importantes. La communauté n'a peut-être pas de réponse à fournir, est-ce là la raison de son mutisme?

Les sélectionnistes ont ainsi développé une cohorte de scénarii permettant d'expliquer, la sélection naturelle du mode de locomotion bipède à un moment donné de l'histoire de la lignée. Cette école fonctionnaliste s'attache à trouver les pressions de sélection qui ont conduit à la bipédie. C'était le cas de la théorie dite «East side story»

---

[276]Marks (1989) Genetic Assimilation in the Evolution of Bipedalism. Human Evolution, 4, 6, pp. 493-499.

d'Y. Coppens[277] -avant que celui-ci n'accepte sa remise en question[278] avec la découverte de Toumaï- qui souhaitait pouvoir attribuer à un changement climatique l'apparition du caractère bipède chez certaines populations. Voilà une explication du «pourquoi». La cause est environnementale et la bipédie constitue une adaptation à un changement de milieu. Cette hypothèse était très bien admise par une partie de la communauté des paléoanthropologues. Arrêtons-nous un moment sur le scénario d'Y. Coppens tel qu'il le raconte lui-même en 1975:

> «Je privilégie, quant à moi, ces dates de 7 à 8.000.000 d'années et, par suite, les précieuses pièces qui viennent de sédiments de ces âges parce que ces dates ne sont pas des dates banales; elles répondent à des évènements astronomiques et climatiques globaux et à une cascade d'évènements tectoniques, climatiques et écologiques locaux; globalement, c'est une crise bien documentée, rafraîchissement de la planète et sa traditionnelle aridité consécutive dans les ceintures tropicales; localement, dans l'Est africain le phénomène du rifting, présent depuis des millions d'années y est réactivé se traduisant par des effondrements et par de l'orogenèse tout au long de la lèvre occidentale de la grande faille. La couverture végétale, dans l'ensemble très arborée, qui traversait le continent d'un océan à l'autre, prend incontestablement un coup de sec à l'est qui se découvre. Il est probable que cette différence d'arrosage et, par suite, de végétation entre l'est et l'ouest de la faille, différence qui ne va faire que s'accentuer, ait entraîné avec elle des différences de faunes et d'adaptations de ces faunes, adaptations qui

---

[277]Coppens (1975) Evolution des hominidés et de leur environnement au cours du Plio-Pléistocène dans la basse vallée de l'Omo en Ethiopie. C.R.Acad.Sci.Paris, série D, 281, pp. 1693-1696.
[278]Coppens (2003) L'east side story n'existe plus. La recherche, 361, pp. 74-78.

> n'auraient auparavant aucune raison d'apparaître. (…) Les ancêtres communs des hommes et des chimpanzés avaient dû vivre là, dans cette Afrique équatoriale de savanes et de forêts; et puis, les circonstances ayant tracé une ligne nord/sud au beau milieu de cette Afrique équatoriale, devenue ligne de séparation entre plus humide et moins humide, ces ancêtres communs s'étaient trouvé divisés en deux populations aux contraintes adaptatives différentes contraintes alimentaires imposées par les circonstances, contraintes staturales et locomotrices consécutives. Dans les zones mosaïques de l'est, contraintes d'une alimentation à base de tubercules, de racines et de bulbes (…). Dans le premier cas, la locomotion est arboricole, brachiatrice et dite «knuckle-walkrice» à terre, et le bassin, entre autres pièces du squelette, a la forme étirée qui s'impose (…); dans le deuxième cas, la locomotion est à la fois arboricole et bipède à terre, puis exclusivement bipède, et le bassin, entre autres pièces du squelette, a la forme tassée qui lui est imposée (…); le bassin (…) doit alors porter une partie du corps.»

Il était nécessaire de citer le passage dans son ensemble pour bien montrer que le scénario se tient, il forme un tout avec ses diverses articulations. Cependant l'auteur présente des corrélations entre phénomènes (bipédie/changement environnemental) mais n'expose pas là un quelconque lien de cause à effet. Celui-ci est présupposé. Quelle est donc la cause agissante? Certes l'on saisit bien quels sont les avantages en termes darwiniens, sélectionnistes, que procure la bipédie à ses détenteurs. Et l'on rejoint ici la remarque que faisait Williams à propos du maintien des adaptations. Certains auteurs ont avancé d'autres hypothèses dans ce sens qui, en quelque sorte, complètent la théorie des causes environnementales, ou causes externes. Reichholf[279] dit que:

> «les deux avantages principaux de la station verticale apparaissent dès lors à l'évidence. Elle permet de superviser les environs, même en se déplaçant rapidement et elle permet de transporter un corps de 50Kg en ne dépensant pas plus d'énergie qu'une antilope avec ses quatre pattes fines pour déplacer le même poids ».

À propos de ces hypothèses externes, Tattersall[280] ajoute:

> «En se tenant debout on peut paraître plus gros (et ces premiers hominidés étaient très petits et vulnérables aux grands prédateurs). Bien plus, les carnivores ont souvent leur attention attirée par une silhouette horizontale, tandis qu'elle ne l'est pas par une silhouette verticale».

Leakey et Lewin[281] avancent une autre hypothèse: le jet de pierre nécessite une position bipède et est particulièrement efficace pour lutter contre les prédateurs. Un comportement vigilant tend à favoriser cette posture:

> «Pour ces animaux qui vivent au milieu des hautes herbes, la faculté de se lever et d'avoir ainsi un champ de vision plus étendu est un avantage indéniable (...) mais à elle seule la vigilance ne suffit pas à expliquer la locomotion bipède permanente».

---

[279] Reichholf J., 1991, L'émergence de l'homme, Champs Flammarion, 356p.
[280] Tattersall I., 1998, L'émergence de l'homme, Gallimard NRF essais, 284p
[281] Leakey R. & Lewin R., 1985 (ed.), Les Origines de l'Homme, Champs Flammarion, 280p.

Une autre explication courante est celle qui voit la cueillette des plantes et l'usage des bras comme une nécessité à libérer les membres antérieurs de la contrainte locomotrice. Sinclair[282], lui, propose que l'apparition de la bipédie soit due à la nécessité de suivre les troupeaux d'ongulés migrants sur de longues distances: «bipedalism was a necessary adaptation to exploit this food supply». Par ailleurs il explique que les membres de la troupe doivent pouvoir porter leurs petits dans leurs bras. Sinclair, Leakey et Norton-Griffith considèrent que dans l'écosystème de la savane africaine, il existait une lacune, une niche vacante, celle qui consistait à dépecer les carcasses fraîches, les hominidés ayant alors développé un comportement. Dans cette hypothèse, l'utilisation d'outils constitue une adaptation comportementale à la boucherie, dans un schéma de compétition avec les charognards. Leutenegger[283] a opposé un certain nombre d'arguments à cette théorie, notamment le fait que les australopithèques de l'époque sont principalement végétariens et ne mangeraient pas plus de viande que les babouins ou chimpanzés actuels, insuffisamment en tous cas pour suivre les troupeaux. Le régime carné n'apparaîtrait que plus tard. Il propose quant à lui, et à la suite de Jolly[284], une hypothèse faisant intervenir l'idée que la station debout est une adaptation à la cueillette des jeunes pousses et feuilles des plaines d'Afrique.

---

[282] Sinclair A. R. E., Leakey M. D., Norton-Griffiths M., 1986, Migration and hominid bipedalism, Nature, 324, pp. 307-308.
[283] Leutenegger (1987) Origin of hominid bipedalism. Nature, 325, pp. 305.
[284] Jolly (1970) The seed eaters: a new model of hominid differenciation based on a baboon analogy. Man, new series, 5, 1, pp. 5-26.

Verhaegen[285] s'oppose également à la théorie des migrations en disant que cette fameuse niche vacante n'existe pas et que par ailleurs l'homme n'a jamais été fait pour vivre dans la savane et qu'il n'y a développé aucune adaptation. Ceci pour deux raisons principalement: d'une part il n'a pas de fourrure réfléchissante lui permettant de lutter contre les effets du soleil et d'autre part son système d'élimination du sodium et de l'eau n'est pas du tout celui d'un être adapté à la vie dans la savane.

Toutes ces hypothèses sont plausibles, elles sont même de bon sens. La question peut se poser à juste titre de savoir si ce sont des hypothèses scientifiques. En réalité, n'importe qui pourrait avancer ce genre d'hypothèses, en réfléchissant un peu au sujet. Ajoutons aussi que toutes sont récentes et ont une trentaine d'années au maximum. Ces quelques exemples sont pourtant représentatifs de ce que l'on trouve dans la littérature anthropologique dans tout le vingtième siècle. Par une sorte d'effet de mode ces hypothèses vont et viennent au fil des ans, toujours plus ou moins identiques ou tout au moins sous des formes voisines. Rappelons à titre anecdotique ce que proposait Darwin[286] dès 1871:

> «(...) les mains et les bras n'ont guère pu devenir assez parfaits pour fabriquer des armes, ou lancer des pierres et des javelots avec une véritable précision, aussi longtemps qu'ils furent couramment utilisés pour la locomotion et pour supporter tout le poids du corps, ou aussi longtemps qu'ils furent adaptés (...) à grimper aux arbres».

---

[285]Verhaegen (1987) Origin of hominid bipedalism. Nature, 325, pp. 305.
[286]Darwin C., 1999, La Filiation de l'Homme, Syllepse, 825p.

Comme le dit Lewin[287]: «il a été souvent bien difficile d'échapper à l'hypothèse d'une bipédie apparue afin de libérer les mains».

Revenons à l'analyse de nos hypothèses indépendamment de leur histoire. En fait, elles ne font qu'évoquer des traits avantageux au maintien du caractère bipède dans la population. Ce que notait Williams à propos du rôle des hypothèses sélectionnistes. Johanson[288] a vu le problème: «Natural selection cannot create a behavior like bipedalism, but it can act to select the behavior once it has arisen.»[289] Dans un monde néodarwiniste, il n'est pourtant pas envisageable d'imaginer que la bipédie soit apparue pour de telles raisons! N'y aurait-il pas là une pointe de néo-lamarckisme!? Pourtant certains auteurs n'en sont pas si loin. D'après O. Lovejoy[290], «la bipédie serait sous forte pression de sélection seulement par des périodes consistantes et prolongées de posture érigée et pas seulement occasionnelle.» Question d'habitude…! Darwin lui-même n'était pas aussi sélectionniste qu'on veut le prétendre:

> «Nous pouvons par conséquent inférer que, lorsqu'à une époque reculée les ancêtres de l'homme se trouvaient dans un état de transition entre quadrupèdes et bipèdes, la sélection naturelle dut probablement être grandement aidée par les effets hérités de l'usage accru

---

[287] Lewin R., 1991, L'évolution humaine, Point Science Seuil, 408pp. et 1987, Four legs bad, two legs good, Science, 235, pp969-971.
[288] http://www.pbs.org/wgbh/nova/evolution/what-evidence-suggests.html
[289] Johanson (2006) How bipedalism arose. http://www.pbs.org/wgbh/nova/evolution/what-evidence-suggests.html.
[290] Lovejoy C. O., 1981, The origin of man, Science, 211, pp341-350.

ou diminué des différentes parties du corps»[291] et «nous devons spécialement garder à l'esprit que les modifications acquises et continuellement utilisées au cours des époques passées pour quelque fin utile se sont probablement solidement fixées et pourraient à la longue devenir héréditaires».[292]

Les scénarios sélectionnistes ne peuvent donc être considérés que comme des avantages au maintien de la bipédie, mais pas en tant que pression de sélection pour son apparition. Nous pensons que cette différence épistémologique est fondamentalement mal comprise dans la littérature en général et cela tend au maintien de la confusion. On comprendra donc aisément qu'il est facile d'envisager des hypothèses sur les avantages et la sélection du caractère bipède. Ce qui pose un problème théorique c'est la façon dont s'est opéré le passage, la transition entre un ancêtre supposé quadrupède et un descendant bipède. Comment donc s'est produite «l'assimilation génétique» du caractère comme le dit Marks? Certes on peut imaginer que des individus, d'une population ancestrale, ont pu trouver avantage à se dresser sur leurs pattes pour toutes sortes de raisons, y compris celle d'avoir la tête plus proche du monde lunaire comme le faisait Aristote:

> «L'homme, au lieu des pattes et des pieds de devant, possède des bras et ce qu'on appelle des mains. Car il est le seul des animaux à se tenir droit parce que sa nature et son essence sont divines. Or, la fonction de l'être divin par excellence c'est la pensée et la sagesse. Mais cette fonction n'aurait pas été facile à remplir si la partie supérieure du corps avait pesé lourdement. Car la pesanteur enlève toute souplesse au raisonnement et au

---

[291] Darwin (ed.1999) La filiation de l'homme. Syllepse, p.119.
[292] Idem, p.144.

sens commun»[293] et «il est le seul être chez qui les parties naturelles sont disposées dans l'ordre naturel: le haut de l'homme est dirigé vers le haut de l'univers.»[294]

N'est-il pas beau de considérer l'élévation de l'homme, son émancipation du monde animal, dans une quête constante vers l'absolu? Buffon n'affirmait-il pas en 1749 que:

> «Tout marque dans l'homme, même à l'extérieur, sa supériorité sur tous les êtres vivants; il se soutient droit et présente une face auguste sur laquelle est imprimé le caractère de sa dignité. (...) Il ne touche à la terre que par ses extrémités les plus éloignées, il ne la voit que de loin et semble la dédaigner.»[295]

Comment ce caractère bipède a-t-il pu se transmettre? L'hérédité des caractères acquis n'étant plus à l'ordre du jour, il faut envisager autre chose. Marks[296] a bien résumé l'obstacle théorique: la bipédie constituerait selon lui un caractère hérité acquis. Il s'appuie principalement sur les thèses (controversées) d'Hamilton. Reste que personne n'a jusqu'à maintenant pu montrer comment le génome peut intégrer des éléments informatifs en provenance de l'extérieur.

Une autre hypothèse, encore plus controversée celle-là et qui a subi les assauts répétés de la communauté scientifique à laquelle elle n'appartient pas, est celle d'E.Morgan[297]

---

[293] Aristote, Les Parties des Animaux, L.IV, X.
[294] Idem, L.II, X.
[295] Buffon (1749) De l'âge viril. Description de l'homme. Histoire Naturelle, II.
[296] Marks J., 1989, Genetic assimilation in the Evolution of Bipedalism, Hum. Evol., 4, 6, pp493-499.
[297] Morgan E., 1994, Les cicatrices de l'évolution, 10/18, 239p.

reprenant les hypothèses de Hardy.[298] La station debout serait apparue par la nécessité de se tenir la tête hors de l'eau dans laquelle les hominidés étaient plongés pour échapper à des monstres plus forts mais allergiques à l'eau. Là encore, caractère acquis, issu d'un comportement répété. Si l'hypothèse est considérée aujourd'hui comme farfelue, elle possède la même structure narrative.

Une controverse récente sur l'origine de la bipédie a eu lieu entre Amaral[299] et Wheeler[300]. Ce dernier avance les avantages pour la thermorégulation de la bipédie, combinée à une peau nue (autre grand problème) et une taille supérieure. Si Amaral montre que bien que la bipédie peut être un avantage sur la quadrupédie du point de vue de la thermorégulation, il n'est pas du tout certain que la nudité soit apparue en contexte de savane ni que la bipédie l'ait précédée. Au contraire pour lui, la voie de la nudité était ouverte avant celle de la bipédie. Sa thèse est la suivante: la perte du pelage a entraîné une mortalité accrue des enfants par chute (ne pouvant plus s'accrocher à leurs mères glabres) et donc le portage a favorisé la bipédie comme pression de sélection. Il est intéressant à ce point de noter que Amaral penche en faveur d'une origine tropicale forestière de l'homme et non pas de savane. Les hypothèses sont aussi fonction des préconceptions et d'hypothèses antérieures. L'édifice est assez instable. Les scénarios sont

---

[298] Hardy (1960) Was man more aquatic in the past? New Scientist, 7, pp. 642-645.
[299] Amaral (do) (1996) Loss of body hair, bipedality and thermoregulation. J. Hum. Evol, 30, pp. 357-366.
[300] Wheeler (1996) The environmental context of functional body hair loss in hominids. J. Hum. Evol, 30, pp. 367-371. Et (1994) The foraging times of bipedal and quadrupedal hominids in open equatorial environments. J. Hum. Evol., 27, pp. 511-517.

de première importance pour les résultats et les interprétations des recherches. Dans ce débat récent, Chaplin, Jablonski et Cable[301] répondent à Wheeler : les humains auraient pu rechercher leur nourriture aux heures les plus chaudes de la journée et être ainsi compétitifs vis à vis des autres mammifères qui ne le peuvent. Les auteurs en concluent que la thermorégulation n'a pas d'effet significatif sur le changement de posture. A noter qu'ils sont en faveur d'un ancêtre quadrupède, alors que Wheeler non. Là encore l'influence des présupposés.

Toutes les hypothèses qui ont été précédemment présentées font appel à des causes externes et pour cela nous les appellerons causes externalistes. Car il existe aussi des causes internalistes, qui font appel à une toute autre philosophie biologique, bien qu'en fait assez complémentaires et non exclusives. Celles-ci apportent des hypothèses à l'apparition génétiquement programmée de la bipédie. C'est celle de Chaline[302] en particulier dans la récente littérature scientifique française: «On peut imaginer logiquement la façon dont a pu se passer cette mutation majeure de l'acquisition de la bipédie [noter au passage le lexique différent] qui a abouti à l'hominisation. Un individu de la population des pré-australopithèques a dû subir une ou plusieurs mutations de gènes de régulation qui ont entraîné une contraction crânio-faciale lors de son développement. Un développement ralenti par rapport à celui de ses parents, avec le blocage permanent du trou occipital en position inférieure, a imposé de fait une bipédie persistante. Elle a entraîné une rotation vers l'arrière de la partie occipitale du

---

[301] Chaplin, Jablonski & Cable (1994) Physiology, thermoregulation and bipedalism. J. Hum. Evol, 27, pp. 497-510.
[302] Chaline (2000) Un million de générations. Seuil, 317p.

crâne, ainsi qu'un léger accroissement de la capacité crânienne immédiate (...) C'est dire que le premier australopithèque a pu se tenir debout alors que les autres individus de la troupe étaient ramenés à la quadrupédie vers un an!! Qu'il soit mâle ou femelle, cette nouveauté a dû lui donner un avantage immédiat sur ses congénères par sa position dominante en taille. Connaissant les mœurs des dominants! Cette nouveauté (...) a pu devenir un état fixe en une ou deux générations selon le processus classique de formation de nouvelles espèces dans de petits groupes à forte consanguinité et dérive génétique». Voilà un monstre prometteur... Alors, Goldschmidt ou Darwin? L'hypothèse de Chaline n'est pas neuve, elle non plus et remonte aux travaux de Haeckel sur l'embryologie, puis Bolk, puis Gould[303].

L'apparition de la bipédie dans la lignée primate doit donc être découplée des raisons de son maintien par sélection naturelle selon les divers scénarios proposés. Nous pensons que c'est la manière d'envisager le problème bipède qui est invalide. Considérer la bipédie comme une caractéristique est trop réducteur pour être réaliste. Le comportement bipède chez l'homme est majoritaire mais pas unique. La nage, le grimpé entre autres sont des comportements locomoteurs que l'on oublie un peu vite. Ils sont très présents notamment chez les jeunes. Le problème est de considéré que l'homme est bipède sur le mode essentialiste. En réalité l'homme est principalement bipède mais son répertoire locomoteur lui permet d'autres modes de locomotion. La bipédie n'est pas une caractéristique, c'est une possibilité au sein d'un répertoire. Il se trouve que chez

---

[303] Gould (1977) Ontogeny and Phylogeny. Havard University Press, 501p.

l'homme actuel, elle est principale. Mais n'oublions pas qu'elle est apprise par chacun d'entre nous dans notre début de vie sociale. A-t-on jamais prouvé que l'activation d'un gène de la bipédie lors de l'ontogenèse conduit l'enfant à s'essayer à ce précaire équilibre? L'acquisition de la bipédie à cet âge précoce est en réalité sous contrôle social. C'est par imitation que l'enfant décide de se mettre debout lorsque sa maturation psychologique le lui permet. Et cette histoire se répète depuis des millions d'années maintenant pour notre lignée. Comme Johanson, nous pensons que la bipédie existait déjà et nous ajoutons qu'elle faisait partie du répertoire comportemental locomoteur de nos ancêtres. C'est une pression de sélection socio-écologique qui a ensuite maintenu et favorisé ce comportement bipède. En aucun cas, des pressions de sélection écologiques n'ont créé la bipédie. D'ailleurs, cette manière d'envisager l'apparition de pseudo-caractères comme la bipédie est assez générale, le cas du pouce opposable en est un autre qu'il faudrait également discuter. Nous nous bornerons ici à mentionner que si l'on considère l'opposabilité du pouce comme une caractéristique humaine, c'est uniquement en comparaison de notre cousins anthropoïdes, comparaison faussée car ces derniers se sont spécialisés et leur pouce s'est trouvé réduit (c'est particulièrement net chez l'orang-outan) alors que nous n'avons fait que maintenir un caractère partagé par de nombreux autres primates[304]. On trouve souvent pourtant l'idée générale que le pouce opposable est une innovation humaine.

La bipédie n'est donc pas un caractère obligatoire, c'est une potentialité anatomique qui doit ensuite être réalisée par le biais d'un apprentissage social. Elle est rendue possible

---

[304]Schultz (1972) Les primates. La grande encyclopédie de la nature, Bordas, 383p.

parce qu'un certain nombre de caractères squelettiques particuliers présents dès le départ. Ensuite le jeu des interactions muscles/os renforcera le caractère bipède en stabilisant la structure. Avec l'apprentissage, le corps s'adapte à la posture érigée; c'est en fait essentiellement ce que démontrent en réalité les nombreuses études anatomiques. Les attaches musculaires se renforcent et des sillons osseux se creusent. Par un jeu subtil entre diverses contraintes (internes et externes) le corps se modèle. Picq[305] nous dit à ce propos: «il est fermement établi que la morphologie de l'os (forme, taille, structure) répond aux caractéristiques physiques de son environnement fonctionnel dynamique (relation entre la forme et la fonction)». Or il est clairement établi aussi depuis quelques temps, que le corps humain souffre aussi de cette posture érigée. Les nombreuses pathologies du dos, des problèmes de croissance en témoignent. L'adaptation ne semble pas parfaite. D'abord il faut l'apprendre ensuite la subir... Lewin[306] ajoute «qu'une grande partie des adaptations anatomiques à la bipédie se rapportent à ce maintien en équilibre dans le dessein d'éviter l'effondrement.» La bipédie ne va pas d'elle-même. Pourtant certains insistent sur le fait que l'homme est véritablement bien adapté à la station verticale. Berge et Gasc[307]: «rappelons que Cuvier avait l'habitude d'écrire debout toute la journée, sur un haut pupitre construit à cet effet. En somme, seul l'être humain peut rester debout immobile pendant des heures. La position du soldat au garde-à-vous incarnerait-elle le comportement type de l'être humain?» Voilà une question qui se donne

---

[305] Picq (1997) La fonction crée la forme. Historia Spécial, pp. 17-18.
[306] Lewin (1991) L'évolution humaine. Point Science Seuil, 408p. Et (1987) Four legs bad, two legs good. Science, 235, pp. 969-971.
[307] Berge C. & Gasc J. P. (2001) Quand la bipédie devient humaine, in Aux origines de l'humanité, Fayard T.1, 570p.

l'air de la plaisanterie... D'abord la position au garde-à-vous est loin d'être une position de repos (comme tout militaire le sait) encore faut-il en avoir fait l'expérience: pieds joints formant un angle de 60° environ, fesses serrées, torse bombé, épaules rejetées en arrière, bras tendus le long du corps, le petit doigt sur la couture du pantalon, la tête haute et le regard droit. Cette position est loin d'être confortable et reposante et la preuve en est que les soldats appréhendent toujours la perte de connaissance subite en temps de cérémonie officielle, les faisant s'écrouler lamentablement au beau milieu de leurs camarades ordonnés au passage des officiels. Les militaires ont inventé la position «repos», la vraie, pieds écartés dans l'alignement des hanches, bras dans le dos, mains jointes, épaules abaissées, cou et tête relâchés. Cette position dite de repos permet de tenir plus longtemps parce que beaucoup moins tonique mais la position debout n'en est pas pour autant une position de repos musculaire, sinon pourquoi ne dormirions-nous pas ainsi? Pourquoi avons-nous toujours besoin de nous asseoir? Et Cuvier, sauf le respect que nous lui portons, est loin de représenter un modèle statistique. Après cet intermède militaire, nous concevons aisément et au vu de ce qui a été dit précédemment que la station verticale n'a rien d'obligatoire. D'ailleurs elle n'est pas même définitive, on peut la perdre! Témoins, les expériences d'apesanteur prolongée entraînent des effets irréversibles, de même que les périodes d'immobilisation. Depuis les travaux de J.C. Koch en 1917 et des études qui ont suivi sur le remodelage osseux, on sait mieux que l'os est un vivant et qu'il se remodèle constamment en fonction des contraintes qui lui sont appliquées. Une période d'immobilisation de quelques semaines entraîne une perte osseuse, passé un certain nombre de semaine cette perte est majeure et peut atteindre 50%, ce qui devient irrémédiable. Donc non seulement la bipédie s'apprend, mais elle se travaille chaque jour, rien n'est définitif.

Il s'avère donc que la bipédie est vue à la fois comme une adaptation ancestrale (historique) et comme cause agissante sur l'adaptation du squelette (dynamique, mécanique). Si l'on comprend ce processus de «feed-back» lors de l'ontogenèse, on le comprend moins dans la phylogenèse.

Pour en terminer avec les hypothèses concernant la bipédie, nous évoquerons brièvement un autre type de logique, téléologique. Ce sont les hypothèses qui font intervenir des causes finales comme moteur du changement. Ainsi dans les années 70', Washburn va jusqu'à prétendre que l'usage d'outils fut la force primordiale qui poussa les hominidés à se dresser sur leurs membres postérieurs et à marcher. Ainsi l'usage de l'outil devient un but et l'évolution morphologique un moyen qui tend vers ce but. Cette hypothèse est à rapprocher des nombreuses théories qui voient dans l'apparition de la bipédie, la libération de la main.

La démarche intellectuelle ici est à considérer: soit on voit cette «libération» comme une conséquence découlant de la verticalisation, soit on l'envisage comme la cause de celle-ci. C'est là que se situe l'abus adaptationniste. Revenons justement au problème central de l'adaptation. On a vu que la bipédie pour la plupart des auteurs constitue une adaptation réussie, en témoigne l'actuelle extension de notre espèce. L'anatomie s'est adaptée à ce nouveau mode de locomotion. Que la bipédie en elle-même soit un caractère adaptatif ou pas, le fait d'être bipède avec les modifications anatomiques qui vont de pair, cet ensemble constitue une «nouvelle» adaptation de l'homme. C'est le problème du niveau de complexité du système. La bipédie a conduit l'homme à s'adapter dans son nouvel environnement, puisqu'il perçoit désormais le monde de façon différente, avec d'autres possibilités d'interactions avec lui. Le groupe qui a réussi cette adaptation a survécu. Et c'est parce que ce groupe a persisté, a survécu et s'est développé qu'on le dit aujourd'hui adapté. La boucle est bouclée. Mais on le considère adapté dans cet environnement initial qui est le sien: la savane. Nos origines adaptatives seraient donc un environnement ouvert, dans lequel on peut marcher. Est-ce là un optimum? Qu'en est-il alors aujourd'hui de nos déplacements en voiture, de nos heures de bureau!? Et les habitants des forêts denses équatoriales sont-ils moins bien adaptés à ces environnements du point de vue locomoteur?

Le problème de la bipédie est crucial d'un point de vue épistémologique car très révélateur: il semble impossible de démêler dans cette question la part d'adaptation due à l'homme. Quel rôle a joué l'homme dans le maintien de cette posture. Quelle est sa part de responsabilité? En effet si l'on considère du strict point de vue naturaliste que l'homme «subit» cette adaptation qu'est la bipédie alors son maintien dans la population est stricte affaire de sélection naturelle. Ce strict sélectionnisme enlève tout rôle actif à l'homme. Or si l'on considère que les hommes sont en partie au moins, acteurs de leur évolution par le biais du social notamment, l'interaction incessante comportement-environnement a pu faire pencher la balance du côté d'un maintien du caractère. L'hypothèse sélectionniste semble bien réductrice et laisse de côté la complexité du phénomène humain. Ainsi il semble plus sage d'envisager des hypothèses «dynamiques» de maintien du caractère dans la population et non pas une cause unique déterminante. Le biologique pur et le répertoire comportemental, social et psychologique ont donc joué de façon concomitante de manière complexe. Il est illusoire de chercher la composante principale de ce système en interaction.

Quant au problème de l'origine même du caractère bipède la question est moins claire. Nous avons vu la difficulté d'utiliser les théories néo-lamarckistes. Alors d'un strict point de vue darwinien, la bipédie aurait pu être «adoptée» par un ou des individus, comme comportement. Les avantages d'un tel comportement auraient pu entraîner son extension au groupe entier. Comme la bipédie n'est pas génétiquement programmée (seule sa possibilité l'est...) alors, elle est apprise par le groupe et transmise comme n'importe quel caractère culturel. Nous considérons que la bipédie faisait donc partie du répertoire locomoteur parce qu'elle était une possibilité locomotrice. Le répertoire locomoteur peut ensuite être modifié par le comportement des individus d'un groupe ou d'une population. Cela passe donc par une acceptation « psychique » de l'utilisation plus fréquente de ce mode locomoteur. Se mettre debout, dès lors qu'une espèce en a la possibilité anatomique (le potentiel), c'est le décider. Sans entrer dans les problèmes de psychisme animal ou de volonté au sens anthropologique, tout animal (considérons ici seulement les mammifères et les primates en particulier) qui fait un mouvement (moteur) le décide. Il ne s'agit pas d'un réflexe, mais d'une action en vue d'un but à atteindre. La mise en mouvement implique un processus décisionnel. Donc, dans un tel cas la bipédie existe parce qu'elle est «décidée» par un ou plusieurs individus du groupe, de manière inconsciente ou pas, peu nous importe. Le geste est naturel et adapté au but recherché. Nous pouvons faire ici le parallèle avec la discussion sur le régime alimentaire. A un temps donné, le régime alimentaire d'un individu ou d'un groupe est lié à ce qui est disponible dans l'environnement. Pour ceux qui n'ont pas été sélectionnés vers un régime spécialisé au point que l'adaptation soit irréversible (comme les pandas ou les koalas par exemple), il existe une sorte de répertoire là aussi dans lequel va s'installer le régime. Ce dernier relativement peu contraint permet au groupe ou à l'individu une certaine adaptabilité, une plasticité comportementale. Cette large gamme permet à l'individu d'avoir le choix, à la fois dans le sens où il peut facilement s'adapter à son environnement mais également il en est moins dépendant et peut se déplacer. Ce que ne peuvent faire des groupes inféodés à un type de nourriture très localisée. C'est pour l'individu ou le groupe un gain de liberté, car dans cet espace des possibles, l'individu peut aller et venir selon son «gré». Pour des individus ayant un régime varié, c'est la possibilité d'avoir des préférences de proies, de fruits, de feuilles... C'est un niveau de conscience qu'il ne semble pas incroyable d'accorder à l'animal, d'autant plus pour un anthropoïde. Un tel individu qui au sein de son environnement a la possibilité de choisir sa nourriture va mettre en place des stratégies motrices ou de capture de celle-ci. Ainsi au sein de ses possibilités locomotrices va-t-il choisir celle qui lui «paraît» la plus adaptée. (Sans entrer ici dans l'optimal foraging). Entendons-nous bien sur la relative conscience de ces processus. Il s'agit bien d'un niveau qui n'a rien a priori de commun avec un niveau humain. Le choix de la bipédie, peut alors de la même manière être une stratégie globale du groupe si cela répond à un besoin mais cela pourrait tout aussi bien relever d'une «mode» culturelle ou sociale. C'est un comportement qui devient social si son efficacité ou au moins sa non dangerosité est prouvée. Le comportement se diffuse socialement ensuite jusqu'à devenir le véritable mode (au masculin cette fois). S'agit-il de sélection naturelle? Pas au sens où on l'entend généralement, comme une pression environnementale, mais c'en est bien une au sens de pression de sélection sociale. La transmission doit avoir lieu ensuite pour le maintien du «caractère bipède», par le biais de l'apprentissage. La généralisation à l'ensemble du groupe se fait selon le même mode que le déplacement de caractère dans les processus classiques de sélection. Le mode normal (au sens gaussien) s'aiguise au fil du temps, par la sélection sociale, effaçant peu à peu les possibilités de retour en arrière donc se spécialisant.

Une troisième approche, un peu différente, s'intéresse à la morphologie fonctionnelle, toute une partie du débat portant sur les comportements et les modes locomoteurs à l'origine de la bipédie, c'est-à-dire les «précurseurs»: knuckle-walking, brachiation, arboricolisme... sont des hypothèses actuelles âprement débattues par les scientifiques plus particulièrement anatomistes. En réalité l'explication scientifique peine à s'éclaircir dans ce débat dont les tenants ne semblent pas discuter des fondements de leurs théories respectivement, au profit d'une querelle sur l'importance relative que l'on doit accorder à l'une ou l'autre. «Pour beaucoup d'évolutionnistes, ces idées se situent bien trop près du noyau fondamental des notions qu'ils ont profondément assimilées et qui leur sont à présent largement inconscientes, pour qu'il puissent les remettre en question ou même les reconnaître expressément comme des propositions pouvant être discutées» dit Gould dans la *Structure de la Théorie de l'Evolution*. D'où la réaction d'incompréhension des fonctionnalistes vis-à-vis des structuralistes, voire le rejet pur et simple, argumenté par des raisons idéologiques qui closent immédiatement le débat avant même qu'il ait commencé.

Ces discussions permettent de mettre en évidence les ressorts de l'explication scientifique de l'évolution des structures. Le glissement s'opère progressivement du «comment» au «pourquoi» dans toutes ces tentatives d'explication. En cela le problème bipède est un nœud gordien sur le plan épistémologique. Tattersall dit: «Si le changement postural n'a pas été le facteur primordial de l'apparition de notre lignage, nous n'avons guère d'autre explication envisageable.»

L'hominisation est le mythe de notre modernité. Ce qui ne revient pas à dire que l'évolution humaine est un mythe, tout dépend de la manière de la présenter. Misia Landau dans les années 80' avait étudié la structure narrative des scénarios évolutifs selon le protocole de Propp dans sa *Morphologie du conte*. Elle y distingue une structure narrative qui en fait plus que de simples histoires, mais de véritables mythes parce qu'elles se conforment à la structure des légendes sur les héros. Le héros est un grand singe vivant dans la forêt, destiné à devenir un homme. Le climat change, la forêt régresse et le héros est lancé dans la savane où il doit faire face à de terribles dangers d'un type nouveau. Il lutte pour les surmonter, en développant son intelligence, en fabriquant des outils et finit par sortir victorieux. Un long périple menant à la civilisation.

Reprenons ici à notre compte le terme de *fabula* d'Umberto Eco[308] pour comprendre la structure narrative des théories de la bipédie. Les scénarios jouent le rôle de pré requis dans ces schémas narratifs et nous pouvons alors faire le lien avec les obstacles épistémologiques qui empêchent de penser l'évolution humaine autrement. Parce que ces *fabulae* ont une réelle puissance et un impact fort sur le public en général, qu'il soit scientifique ou pas, dans un cas confortant agréablement les chercheurs dans leur imaginaire

---

[308]Eco (ed. 1985) Lector in Fabula. Grasset et Fasquelle, 315p.

disciplinaire et de l'autre jouant le rôle de mythologie moderne en donnant une réponse satisfaisante à la question «d'où venons-nous?». Inversement nous pouvons interroger la littérature pour comprendre l'impact des idées populaires sur la structuration de la théorie scientifique sur ce problème bipède en particulier. Certains romans ont-ils joué un rôle particulier dans l'élaboration de ces théories, comme d'autres l'ont fait pour envisager un futur, un avenir à l'humanité et à la culture? Parce que la science se dit souvent être totalement à l'abri derrière le rempart de l'objectivité, une épistémologie complète se doit d'interroger tous les domaines de connaissance pour comprendre quelles sont leurs interactions, leurs échanges, leurs transferts, sur un mode constructiviste. La paléoanthropologie lorsqu'elle entre sur ce terrain interprétatif en dehors des strictes données matérielles, a-t-elle toujours valeur de science? La question est légitime. Pourquoi les manuels scolaires continuent-ils de fournir des schémas caricaturaux en guise d'explication scientifique, faisant ainsi perdurer les vieilles théories? Est-il nécessaire sur le plan éducatif de démontrer aux enfants le triomphe de la culture et de la raison pour les inciter à travailler? N'est-ce pas là encore, dans la formation de tous ces potentiels futurs chercheurs, insérer dans leurs têtes neuves des cadres qui joueront le rôle d'obstacles épistémologiques plus tard?…

6.3 La couleur de peau

La couleur de peau dans l'espèce humaine est généralement considérée comme caractère adaptatif évident. L'histoire de la découverte de notre globe terrestre et des explorations montre combien grande a été l'attention portée à la couleur de peau des diverses populations humaines. Elle a longtemps servi de caractère discriminant à la raciologie aujourd'hui tombée en désuétude chez les anthropologues pour des raisons sur lesquelles nous reviendrons.
Dès l'Antiquité, des hypothèses se forment quant à la raison de ces différences de couleur: Ptolémée[309], Strabon[310], Pline l'ancien[311] et jusqu'à nos jours. Le lien de cause à effet entre l'environnement et la couleur de peau est tout de suite mis en évidence. Il se crée de la sorte dès les temps les plus anciens une géographie humaine véritable basée sur la couleur de peau. Maupertuis[312] dit à ce propos! : «le phénomène le plus remarquable, et la loi la plus constante sur la couleur des habitants de la terre, c'est que toute cette large bande qui ceint le globe d'Orient en Occident, qu'on appelle la zone torride, n'est habitée que par des peuples noirs, ou fort basanés. (...) En s'éloignant de l'équateur, la couleur des peuples s'éclaircit par nuances. Elle est encore fort brune au-delà du tropique; et l'on ne la trouve tout à fait blanche que lorsqu'on s'avance dans la zone tempérée». Maupertuis résume parfaitement bien le schéma toujours d'actualité de la répartition de la couleur de peau sur la planète. L'hypothèse n'a pas changé depuis deux mille ans d'histoire humaine au moins, si ce n'est qu'elle s'est élargie

---

[309] Ptolémée, Tétrabible II, II.
[310] Strabon, II, 3, 7.
[311] Pline l'Ancien, livre II.
[312] Maupertuis P.L.M. (ed.1997) La Vénus Physique, Diderot Ed.

au fur et à mesure que les explorations avançaient en terres inconnues.

C'est en 1833 que le zoologiste Gloger note l'apparente régularité d'observation d'une pigmentation des plumes et de la fourrure en relation avec la distribution géographique. La règle de Gloger est ainsi décrétée: les formes les plus sombres sont distribuées dans les milieux chauds et humides. La règle sera admise puis reprise de nombreuses fois. Cowles[313] en 1959 reprend ainsi: les animaux sont de couleur foncée dans les milieux chauds et humides et ceci constitue une adaptation. L'idée sera ensuite développée à l'aide de mesures physiques notamment celle de l'albédo. De même que la règle écologique de Bergmann, le fait semble simple, or de nombreux observateurs opposent des exceptions à la règle. On sait tous que les couleurs foncées «absorbent» la chaleur de façon plus importante que les couleurs claires, qui elles la «renvoient» et l'on voit mal en quoi une peau noire constitue un avantage adaptatif en milieu ensoleillé, à moins que l'on ne se situe à l'ombre... d'où une probable origine de l'homme en milieu forestier. Les partisans de cette hypothèse considèrent que la couleur actuelle ne serait qu'un héritage du passé biologique humain et qui n'a plus sa fonction actuellement. L'actuelle couleur présentée constituerait une mal-adaptation aux environnements actuels. Selon certains auteurs la couleur sombre de la peau serait à l'origine une adaptation au milieu dense de la forêt tropicale dont nous serions issus, en tant que camouflage. La couleur noire, le caractère ancestral de ce fait, aurait persisté longtemps après les migrations et la

---

[313] Cowles R. B. (1959) Some ecological factors bearing on the origine and evolution of pigment in the human skin. Am. Nat., 93, pp283-293.

dispersion des populations à travers le monde, malgré son inutilité.

Une autre hypothèse adaptationniste invoque le rayonnement solaire lui-même. La couleur dépend alors de la radiation ultraviolette reçue. Les blancs utilisent le peu de radiation UV qu'ils reçoivent pour assurer la synthèse de la vitamine D, vitamine qui contrôle notamment l'absorption du calcium par l'intestin et sa déposition dans l'os. En effet la carence en cette vitamine est responsable du rachitisme, ainsi une peau claire optimise la quantité de rayonnement reçu. A l'inverse, l'excès de vitamine D peut provoquer des maladies du rein, c'est la raison pour laquelle, l'augmentation de la mélanine dans la peau des populations lorsqu'on descend vers le sud est considérée comme une adaptation à l'évitement de l'intoxication. Loomis[314], toujours dans cette optique, voit les différents types de peau comme des adaptations à la régulation du taux de vitamine D. On notera le rôle de régulateur, de retour à l'équilibre de la peau dans une idée d'optimisation. Leakey & Lewin[315] nous offrent le scénario suivant: «le besoin de protection de la peau par la pigmentation survint au moment où les premiers hominidés perdirent leur épaisse fourrure. (...) Cette nudité très ancienne a dû présenter quelques avantages. Il est fort probable que cette raréfaction de la pilosité nous a permis d'élaborer un système de refroidissement très efficace (...) La disparition d'une épaisse toison eut lieu à un stade précoce du développement de *Homo erectus* (...) En l'occurrence, l'accroissement de la pigmentation dut aussi survenir à cette époque. Mais

---

[314] Loomis W. F. (1967) Skin-pigment regulation of vitamine-D biosynthesis in man. Science, 157, pp501-506.
[315] Leakey R. & Lewin R. (ed.1985) Les Origines de l'Homme, Champs Flammarion, 280p.

quand les bandes d'hominidés migrèrent vers des climats plus froids, la pigmentation serait devenue un désavantage, car elle empêche le peu de soleil de catalyser une réaction chimique essentielle de la peau, à savoir la synthèse de vitamine D. En gagnant l'hémisphère boréal, la peau de nos ancêtres dut pâlir par sélection génétique. Les populations de *Homo erectus* qui restèrent en Afrique, et certains de leurs descendants qui firent le passage vers *Homo sapiens sapiens* durent garder la peau foncée.»

Les travaux très récents de Jablonski et Chaplin[316] font le point sur les hypothèses adaptationnistes de la communauté scientifique:
- Permettre une meilleure protection contre les effets délétères des radiations ultraviolettes (hypothèse de Fitzpatrick) ou de la photolyse des nutriments
- Rôle dans la régulation de la sensibilité aux engelures
- Prévention de maladies
- Thermorégulation
- Camouflage

Le rôle photoprotecteur est le rôle principal admis généralement. Branda et Eaton[317] ont proposé une hypothèse de ce type selon laquelle l'adaptation permet d'éviter ou de limiter la photolyse des nutriments photosensibles, ce qui a pour effet de libérer dans le sang et les tissus dermiques des métabolites nocifs pour l'organisme. Il s'agit d'une photodécomposition par les radiations ultraviolettes. D'après eux, une peau mélanisée procure plus de protection face à des radiations intenses et de grande longueur d'onde

---

[316] Jablonski N. G. & Chaplin G. (2000) The evolution of human skin coloration. J. Hum. Evol., 39, pp57-106.
[317] Branda R. F. & Eaton J. W. (1978) Skin color and nutrient photolysis: an evolutionary hypothesis. Science, 201, pp625-626.

que face à des radiations moins intenses, de longueur d'onde plus courte, mutagènes et nécessaires à la synthèse de la vitamine D. Les auteurs eux-mêmes analysent la distribution selon deux raisons majeures: la photoprotection et la synthèse de la vitamine D3. Ils observent deux clines à l'échelle du globe dont un va de l'équateur aux pôles et s'explique par la nécessité accrue aux hautes latitudes de la vitamine D3. Voilà une explication «moderne» pour une vieille observation.

Il existe de nombreux problèmes quant à l'acceptation de ces hypothèses adaptationnistes en particulier celui et non des moindres du rôle inconnu de la mélanine, responsable pour une bonne part de la couleur apparente. Le rôle photoprotecteur n'est pas assuré. On a observé que lorsque des cancers cutanés apparaissent c'est après vingt-cinq ans, ce qui remet en cause une quelconque pression de sélection du rayonnement sur la peau, car la reproduction a généralement déjà eu lieu à l'âge auquel est contracté le cancer et ce dernier n'affecte donc en rien le pouvoir reproducteur des individus à risque. D'après Diamond[318] «les cancers de la peau et les brûlures dues au soleil n'entraînent guère de handicaps et bien peu de morts. Comme agents de la sélection naturelle, ils n'ont qu'une influence insignifiante comparée aux maladies infectieuses frappant les enfants». On a par ailleurs longtemps cru que la mélanine était le principal agent de photoprotection or il se pourrait qu'elle ne soit qu'un sous-produit du métabolisme... Il semble d'autre part que la corrélation entre la couleur de peau et l'ensoleillement soit très imparfaite. Certaines populations présentent des colorations

---

[318]Diamond J. (2000) Le troisième chimpanzé, NRF essais Gallimard, 467p.

sombres alors qu'elles vivent dans des régions recevant relativement peu de lumière solaire, c'est le cas des Tasmaniens. Inversement les Indiens d'Amérique n'ont jamais la peau noire bien qu'ils habitent les contrées les plus soumises aux radiations solaires de toute l'Amérique. Diamond ajoute: «Lorsqu'on prend en compte la couverture nuageuse, on constate que les régions du monde les plus faiblement ensoleillées, exposées moins de trois heures et demie chaque jour à la lumière solaire en moyenne, comprennent certaines parties de l'Afrique de l'Ouest, du sud de la Chine et de la Scandinavie, habitées respectivement par des populations parmi les plus noires, les plus jaunes et les plus blanches du monde!» L'objection principale des tenants de l'adaptation est que les populations n'ont pas eu le temps d'évoluer pour changer d'adaptation. La dispersion actuelle des couleurs sur le globe ne reflète plus la répartition originelle latitudinale. C'est pourquoi l'on trouve fréquemment des cartes probables de répartition avant les grandes migrations historiques. La question de la couleur de peau est toute autre que celle de la bipédie. En effet seule l'observation actuelle, historique permet de constituer un objet d'étude. Il n'y a donc pas, à l'inverse de la bipédie, d'évaluation de l'évolution physique d'un caractère, il n'y a qu'une théorisation par induction à partir d'un fait observable aujourd'hui... Par ailleurs, l'héritabilité du caractère étant soumise à controverse, il n'est pas possible d'établir une histoire du caractère à l'échelle humaine, de nombreuses migrations ayant brouillé le schéma de répartition originel.

Toutes les hypothèses formulées jusqu'à présent sont adaptationnistes et font intervenir des facteurs externes. Rares sont les hypothèses qui font au contraire intervenir des facteurs internes: c'est le cas des travaux de Diamond ou Blum[319] pour lesquels il y a un fort effet génétique. Diamond reprend les arguments de Darwin: «Pas une seule des différences externes entre les races humaines ne leur est directement utile.» La sélection sexuelle est invoquée comme explication de la couleur de peau des populations humaines. Le trait joue un rôle dans la reproduction soit par attirance du partenaire sexuel soit par intimidation du rival. Le choix des traits n'a rien d'utilitaire dans ce cas mais est complètement arbitraire. Les critères sur lesquels se fondent les choix ne reflètent aucunement une quelconque valeur génétique. Ainsi les populations humaines évolueraient en fonction des propres normes arbitraires, culturelles, de beauté; ce qui tendrait à maintenir chaque population en conformité avec ces propres normes.

Le problème de la couleur de peau est biaisé par l'effet du bronzage. La réaction cutanée aux irradiations ultraviolettes tend à orienter les interprétations dans le sens d'une adaptation de la couleur à des facteurs de luminosité. Or rien ne prouve qu'il y ait un lien de cause à effet entre la couleur des populations et les facteurs abiotiques auxquels elles sont soumises. C'est ce que tentent de démontrer les interprétations internalistes. Le fait qu'un mécanisme - qui lui aussi est dit adaptatif -comme le bronzage ait lieu à un niveau individuel n'implique pas par analogie que le phénomène existe au niveau spécifique en tant qu'adaptation biologique. Ce qui est véritablement adaptatif est d'ailleurs bien difficile à cerner: la réaction de bronzage n'est peut-être, elle aussi en réalité, qu'un effet secondaire de réactions biochimiques, d'interactions, sans aucune finalité directe pour la peau. Qui peut prouver que le

---

[319] Blum (1961) Does the melanin pigment of human skin have adaptive value?: an essay in human ecology and evolution of race. Quarterly Review of Biology, 36, pp. 50-63.

bronzage protège la peau? Il faut là s'en tenir aux seuls faits: la peau fonce au soleil. Le comment est assez bien connu, il s'agit de phénomènes biochimiques et cellulaires mais le pourquoi (au sens de «dans quel dessein?») ne l'est pas.

7 Critiques épistémologiques du paradigme

7.1 Critique de la pensée essentialiste

Mayr a posé les bases d'une critique de la pensée essentialiste. Elle est problématique parce qu'elle associe à une essence un ensemble trop fixe de caractères et un déterminisme génétique à ceux-ci qui rigidifie encore plus le tout. L'espèce est souvent ainsi associée, ne serait-ce que sur le plan du langage par le biais d'une définition, à un ensemble de caractères morphologiques ou comportementaux qui, lorsqu'ils sont définis avec une trop grande précision, tendent à rigidifier l'espèce elle-même, rendant par là même l'idée d'évolution plus difficile à envisager, sauf par le biais de sauts «ontologiques». C'est l'origine du saltationnisme, solution «extrême» liée à l'obstacle épistémologique que constitue l'essence.

La paléontologie parce qu'elle définit des espèces à partir des caractéristique osseuses, a tendance à penser selon le mode essentialiste. C'est l'essence phénoménale de Locke, un ensemble de caractéristiques perceptibles qui apparaissent toujours liées, de sorte que leur présence sert de critère d'identité ou de reconnaissance, permettant ainsi d'attribuer ou de refuser un nom à une chose. De fait la moindre variation de caractère peut conduire à la définition d'une nouvelle espèce simplement par ce problème de définition. L'eidos ne peut prendre qu'une seule forme et les variations doivent être limitées par nature. C'est l'argument de Cuvier face aux possibilités de variation des espèces, celles-ci ne pouvant être que limitées et «extrêmement rares; et d'ailleurs elles sont promptement détruites par le croisement avec des individus qui n'ont rien d'anormal».[320] Descartes va dans le même sens et dit «suivre en ceci l'opinion commune des philosophes, qui disent qu'il n'y a du plus et du moins qu'entre les accidents, et non point entre les formes ou natures des individus d'une même espèce».[321] La forme c'est l'essence, les accidents sont les modes accessoires qui varient avec les individus et les circonstances. Ce qui démontre on ne peut plus directement le lien étroit entre pensée cartésienne et essentialisme.

L'adaptationnisme est centré sur cette forme de pensée. Considérer une espèce comme adaptée, c'est lui attribuer un certain nombre de caractéristiques à variation limitée et déclarer ces caractéristiques comme adéquates à la survie de l'espèce dans son environnement. L'attribution d'un caractère osseux à la position bipède est une preuve de l'adaptation de l'espèce à son milieu, c'est ainsi que l'on réfléchit généralement. Considérer l'espèce (comme pour les dinosaures ou les carnivores en général) comme une machine de guerre avec ses armes et ses défenses relève de ce mode essentialiste. A mettre en avant les caractéristiques «efficaces» (selon un mode de raisonnement mécaniste) on oblitère la variabilité et cela rigidifie l'idée que l'on se fait de l'espèce, parce que l'on raisonne par analogie avec notre technologie et nos machines.
C'est la panoplie complète, l'habit qui fait le moine; c'est une manière de penser propre à notre civilisation technique. Chaque métier doit être associé à un certain nombre de compétences. Pour être embauchés vous devez démontrer que vous maîtrisez ces diverses compétences et savoir-faire. Mais on efface la possibilité d'adaptation justement.

---

[320] Cuvier Histoire des sciences naturelles depuis leur origine jusqu'à nos jours chez tous les peuples connus, Tome III, p 80.
[321] Descartes (1637) Discours de la méthode

Adaptation dynamique cette fois, l'autre facette du mot qui elle relève d'une manière de voir le monde opposée à l'essentialisme. Un monde en pleine mouvance, sans ruptures brusques, adaptable, variable, inconstant. Puisque l'on parlait de métier, l'on en revient à la notion de niche écologique: une place liée à l'existence de caractéristiques écologiques particulières. Une écologie trop systémique enlève toute notion d'adaptabilité pour les mêmes raisons.

La raison techniciste l'ayant emporté dans nos sociétés occidentales (dont l'exportation mondialisée prouve la réussite?), la pensée relative a-t-elle encore sa place? La raison technique, opératoire, mathématique, experte, économique. La spécialisation disciplinaire en sciences et ailleurs n'est pas prête de permettre la réunification des savoirs, parce que pour se justifier elle s'ancre dans la technicité, rigidifiant l'ensemble du système au fil du temps. Chaque spécialiste, chaque discipline, chaque métier se différencie des autres par la définition de plus en plus nette de ces caractéristiques spécifiques. C'est également ainsi que nous envisageons l'évolution biologique et que nous l'appelons progrès.

Joulian[322] cite Foley et son ouvrage de 1987 critiquant la spécificité ontologique de l'homme, ce qui constitue le débat de fond de toute la préhistoire et de la paléoanthropologie que de définir l'homme et de trouver les critères de la définition. La recherche d'une spécificité ontologique est à mettre sur le compte d'un mode de pensée essentialiste. Nous y reviendrons dans le traitement des stratégies de rupture, puisque la caractérisation de l'humain en regard du reste du monde animal relève bien d'une manière de penser l'homme en dehors et donc

---

[322] Joulian (2009) Non human primates. In Adam et l'astragale, Maison des Sciences de l'Homme, pp. 325-336.

essentiellement différent. Ce qui relève plus de la philosophie que de la science.

En philosophie c'est le problème des universaux qui fait débat depuis 2500 ans de pensée occidentale. Nominalistes versus réalistes, et quelques conceptualistes entre les deux.[323] Bon nombre de naturalistes se sont débattus avec cet épineux problème, central sur le plan de l'épistémologie. Le fond du débat reviendrait à une opposition dichotomique entre Démocrite et Platon. Il serait hors de propos d'aller plus loin ici dans la discussion philosophique, ce qu'il faut en retenir c'est qu'elle reste d'actualité et âprement débattue dans les cercles philosophiques. Pour nous, le lien avec les études naturalistes peut être fait grâce aux travaux de psychologie cognitive tels ceux d'Eleanor Rosch. Dans son étude fondatrice de 1973,[324] elle décrit le «prototype» comme une position saillante au sein d'une catégorie, un membre central fonctionnant comme point de référence cognitif (dans un sens totalement différent du prototype industriel). Cette théorie du prototype substitue au modèle définitionnel généralement attribué à Aristote, et basé sur un ensemble de conditions nécessaires et suffisantes, un modèle basé sur différents attributs de statuts inégaux. Un exemple classique est celui de l'oiseau dont le rouge-gorge est un meilleur prototype que le pingouin.
Son modèle sera révisé par la suite dans une version dite «étendue» qui admet l'existence d'effets prototypiques:[325] «

---

[323] Agassi J. & Sagal P.T. (1974) The problem of universals. Philosophical Studies 28, pp. 289-294.
[324] Rosch E. (1973) Natural Categories. Cognitive Psychology, 4, pp. 328-350.
[325] Rosch E., Simpson C & Miller S.C. (1976) Structural bases of typicality effects. J.Exp.Psychol. : human perception and performance, vol 2, n°4, pp. 491-502.

(...) many natural categories are continuous and possess an internal structure in which members are ordered according to the degree to which they are judged good examples (typical) of the category.» Cet effet prototypique, nous le rapprocherons d'effets «archétypiques» propres aux sciences naturelles sous la plume d'Owen. Ils s'appliquent assez bien à ces «adaptations», prototypes de l'adaptation générale, ou encore de l'homme moyen de Quételet en tant que prototype de l'homme.

Gould[326] et Mayr[327] ont dénoncé l'illusion de la variation réifiée, suivant ainsi les critiques de Quine sur le mode de pensée essentialiste et les problèmes d'ontologie et de philosophie du langage. Cependant Gould et Mayr applique la critique au raisonnement scientifique et particulièrement aux dangers de la dérive d'interprétation des statistiques et probabilités: «La plupart des gens considèrent les moyennes comme une réalité fondamentale et les variations comme un outil permettant d'obtenir une mesure significative de la tendance centrale» que cette mesure soit la moyenne, la médiane ou le mode. La distribution normale (courbe en cloche) également appelée courbe de Gauss (rappelons au passage pour évoquer la normalité que Gauss dès 1802 avait envisagé de communiquer avec les martiens en traçant de grandes figures géométriques dans la toundra sibérienne) «nous semble être la règle parce que nous pensons généralement que les systèmes prennent des valeurs «exactes», idéales (...) -ce préjugé est une autre conséquence de la persistance du platonisme. Mais la nature obéit rarement à nos attentes.

Nous pensons qu'il faut établir une équivalence entre la tendance centrale, représentée par le mode par exemple et le

---

[326] Gould S.J. (1997) L'éventail du vivant. Seuil, 308p.
[327] Mayr E. (1994) Populations, espèces et évolution. Paris, Hermann.

prototype de Rosch. Et le cas s'applique particulièrement bien au modèle de la topographie adaptative de Wright avec ses pics et ses vallées. Les pics correspondent aux «zones» d'étroite correspondance entre une plus grande aptitude et la fréquence des allèles. Le prototype si on le représentait de la sorte serait l'équivalent du pic, plus grande fréquence d'occurrence (ou meilleure aptitude à décrire le concept). On peut imaginer avoir des topographies à prototypes multiples si les fréquences se rangent en deux tendances marquées comme rouge-gorge et aigle pour l'exemple de l'oiseau. (Schéma)

D'après Todhunter[328], Bernouilli, Lagrange et Laplace ont développé un modèle épistémologique à la recherche de la vérité à partir des erreurs d'observations. Le résultat est une courbe en cloche qui représente la probabilité de se rapprocher de la vérité à mesure qu'on approche le sommet de la courbe. Ce modèle épistémologique, et pas ontologique comme le souligne Sober, est très semblable au modèle de Rosch, puisqu'un consensus se forme autour d'observations d'un côté et de concepts de l'autre. Sober ajoute ensuite que Quételet basculera du modèle épistémologique vers le modèle ontologique, réalisant ainsi la réification.
«De manière étrange (...) la plupart d'entre nous avons appris à croire que les distributions dans les phénomènes naturels ont la forme d'une courbe en cloche (...). Rien ne peut être plus éloigné de la vérité» précisait Raup.[329] La majorité en réalité suit une distribution asymétrique...

---

[328]In Sober E. (1980) Evolution, population thinking, and essentialism. Philosophy of Science, 47, pp 350-383.
[329]Raup (ed.1993) De l'extinction des espèces. NRF Essais, 233p.

Prenons un petit exemple afin d'illustrer clairement l'histoire du prototype. Prenons deux concepts très différents l'un de l'autre: le concept de table et le concept de poney. Dans le cas de la table, le prototype qui vient tout de suite à l'esprit est celui de la table à manger avec quatre pieds quelle qu'en soit la matière, la forme (carrée, rectangle) et les dimensions. Pourtant une table basse est également une table, de même une table de chevet est également une table, ces deux objets faisant partie de la catégorie «table». Il existe donc bien une variabilité au sein du concept. Cependant personne ne songerait à dénommer simplement «table» une table basse et encore moins une table de chevet. Et c'est la raison pour laquelle l'apposition au nom «table» est ajoutée. Le concept de table semble assez clair mais certains types de table nécessitent une dénomination particulière. Pourtant une table basse ou une table de chevet n'ont pas une forme si différente d'une table «normale». A quel moment peut-on considérer qu'on passe de la table à la table basse ou à la table de chevet? (A supposer que personne ne prendra un malin plaisir à utiliser une table de salon comme table de chevet...)

La table peut donc être considérée comme un concept flou, concept vague. Le cas du poney présente les mêmes difficultés. Il y a de fortes chances pour le commun des mortels qu'à l'énonciation du mot «poney» vienne à l'esprit l'image du Shetland. Le poney est plus petit que le cheval et même nettement plus petit. Or il existe dans le monde équin une définition du poney: il ne doit pas dépasser les 1,48m au garrot. Tout équidé strictement plus grand que 1,48m au garrot est un cheval. Ceci a pour effet de définir clairement les catégories pour les concours de la fédération internationale. Or la limite qui a été fixée est totalement subjective. Il faut l'œil d'un expert pour savoir si un cheval d'1,49m est bien un cheval ou si un poney d'1,47m est bien un poney. Au sein d'une variation continue chez les équidés (qui est la taille en l'occurrence) on a défini une frontière. C'est la même chose pour la définition de l'âge à la majorité, 18 ans: est-ce qu'il se passe quelque chose de spécial entre la veille des 18 ans et le jour même? Probablement pas sur le plan biologique, il y a une totale continuité et la définition d'une limite est subjective. Ce problème est bien connu en philosophie sous le nom de paradoxe sorite.

La question est intéressante lorsqu'on la considère dans le champ d'une épistémologie critique de la pensée scientifico-technique. La société crée des cadres fixes de cette sorte, définit des limites, des lois, qui viennent se plaquer sur des continuums biologiques, sociologiques ou spatio-temporels. Ces cadres sont nécessaires probablement à une forme d'organisation de la société, mais naturellement ils n'ont rien de naturels. Et les problèmes ressurgissent toujours aux limites.

Lorsque la norme est définie par rapport à une statistique, une probabilité, tout ce qui est en dehors de cette norme est considéré comme a-normal, ce qui oblitère peu à peu la variabilité au profit d'un mode dogmatique. Tout ce qui est en dehors du mode statistique ou de la moyenne devient erreur. C'est ainsi que Laplace, Bernoulli et Lagrange ont conçu leur modèle épistémologique. C'est toujours sur ce modèle d'ailleurs qu'est basée une partie de la science moderne et particulièrement la médecine comme le souligne Sober: « (...) our «modern» conceptions of health and disease and our notion of normality as something other than a statistical average enshrine Aristotle's model.» La notion de pathologie est liée à celle de dérèglement, de désordre. Si l'ordre est la norme, le désordre est l'a-norme. Si l'ordre est la règle, le désordre est en dehors de la règle. La variabilité peut rapidement perdre de l'amplitude. C'est le danger d'une pensée trop «rigoureusement» rationaliste et finalement tout le projet scientifique peut basculer dans ce travers trop mathématique. Une définition actuelle de la science pourrait d'ailleurs être assez proche de la technicité. Il nous semble que la science ne s'y réduit pourtant pas.

La sphère scientifico-technique s'est étendue et continue de s'étendre dans le monde occidental et par le biais de la mondialisation de son mode de pensée. La rationalisation à outrance peut conduire à l'oblitération de la variabilité si le mode de pensée trop techniciste prend le pas sur le mode biologique.

7.2 Prudence vis à vis des catégories

Le problème de la définition d'un concept ou d'une catégorie est celle de la détermination de ses limites. Descartes ajoute à propos de la vérité sur les corps en général qu'elle est plus difficile à appréhender, «ces notions générales sont d'ordinaire un peu plus confuses».[330] Là est peut-être le cœur du problème, la généralisation. C'est lorsqu'on tente de passer à la catégorisation d'ordre supérieur que l'on rencontre des difficultés à définir les choses. Certains concepts vagues comme l'adaptation sont-ils définissables réellement? Ne sont-ils pas justement trop vagues pour pouvoir être cernés? S'ils ont une utilité, une pragmatique pour évaluer un degré d'adéquation entre un animal et son milieu, peut-on pour autant généraliser le phénomène? Nous ne le croyons pas car plus les études scientifiques avancent et plus le nombre de cas particuliers

---

[330] Descartes (1673) Méditations touchant la philosophie première. Seconde méditation.

augmente, rendant toujours plus floue une acception générale.

Prenons un exemple simple. Quoi de plus différent qu'une pelle et une théière en fer? Ce sont deux objets parfaitement définissables à priori et personne ne pourrait confondre l'un et l'autre. Pourtant il existe un flou dans ces dénominations. Une pelle et une théière pourraient être faites d'autres matières leur permettant de remplir leurs fonctions respectives, elles en seraient toujours tout aussi reconnaissables. Elles existent indépendamment de la matière qui les constitue, ce sont des concepts, des idées, des prototypes. Si nous prenons la précaution de préciser qu'elles sont toutes deux en fer, c'est parce que bien souvent ces objets se présentent tels quels. Mais imaginez que l'on pose ces deux objets sur un feu suffisamment ardent pour permettre la fusion du métal. Qu'adviendra-t-il de nos deux objets? Ils vont fondre et il sera désormais bien difficile de différencier une théière fondue d'une pelle fondue. A quel moment la théière et la pelle perdent-elles leur statut de théière et de pelle? Quelle est la limite de température à laquelle l'une et l'autre ne sont plus reconnaissables? «Essentiellement» lorsque la forme s'estompe, c'est à dire lorsque la forme réelle s'éloigne trop du prototype pour être assimilable à ce prototype. Donc la définition d'une théière ou d'une pelle ne semble certaine que par rapport à l'image que l'on s'en fait généralement.

Ce qui distingue ces deux objets des considérations naturalistes, c'est justement qu'ils ne sont pas naturels, s'entend par là qu'ils sont fabriqués par l'homme, ils sortent de son imagination. Ils prennent forme et existence grâce à l'industrie. Tant qu'existera un moule et que l'idée de la théière ou de la pelle sera conservée, il sera possible d'en fabriquer. L'idée de ces objets est stable dans le temps et l'espace, elle ne se modifie pas ou peu. Peut-on appliquer le même raisonnement aux «objets» naturels? Un humain lui, se modifie dans le temps, il n'est jamais le même, son état diffère au cours de la journée, au cours de sa vie, il ne se reproduit jamais identique à lui-même. L'ensemble de son espèce évolue, le pool génétique se modifie au gré des circonstances et des événements. Pourtant il garde une certaine constance de forme générale sans quoi il serait bien difficile de le reconnaître. Son programme de développement lui donne cette constance relative dans le temps. Donc c'est le programme ou tout au moins une partie «conservative» du programme qui permet de reconnaître un homme. Est-ce à cette partie conservative que l'on doive faire référence pour parler d'essence humaine? C'est ce que pourraient faire croire en tout cas certains programmes actuels de séquençage complet du génome humain. Posséder le code complet comme on conserve les livres précieux d'une bibliothèque, permet-il de penser que l'on préserve l'essence de l'homme? La science en est-elle arrivée à ce niveau de réduction que la connaissance du code génétique de l'espèce suffirait à rassurer l'espèce sur sa propre existence et sa pérennité?

Pourtant ce code est fluctuant, mouvant, en perpétuelle évolution. Comment penser que l'on puisse le contenir? Le jour où l'on aura enfermé ce code dans une boîte de verre, la réalité génétique de l'humanité, à savoir son pool génique global ne sera déjà plus le même.

Les objets naturels comme les espèces ou les populations sont en constante évolution et la définition aristotélicienne ne peut s'appliquer à eux. De ce code génétique humain global, seule la partie hautement conservative relève d'une sorte de «bauplan» humain. Cette partie est à attribuer aux gènes de structure, qui eux sont relativement stables dans le temps et que l'on partage pour partie avec d'autres espèces. Cette partie du génome qui raconte l'histoire d'une lignée phylétique pourrait faire figure d'essence biologique. L'ennui, c'est que chaque être vivant ne s'y réduit pas, parce qu'il ne se réduit pas à sa structure. Il est également le produit d'une construction à partir de ce programme. Non pas dans le sens ou le programme définit dès le départ les différentes phases de construction, tel un architecte, mais dans le sens où le programme se déroule au fur et à mesure que la construction avance. Le développement complet ne dépend pas que du programme génétique, il dépend également d'interactions avec l'environnement. Des signaux externes viennent amorcer de nouvelles phases du programme.

L'analogie avec la théière et la pelle peut se retrouver ici dans la mesure où c'est le moule qui forme l'objet final et non pas la matière qui le constitue. Le fer liquide s'adapte au moule dans lequel on le verse et prend la forme d'une théière ou d'une pelle indifféremment. C'est la contrainte physique du moule qui structure la matière «indisciplinée». Le programme génétique pour une part joue ce rôle de moule structurant.

Pour autant deux individus ne sont jamais identiques parce que chaque fois le programme est différent et si le programme est identique (dans le cas présumé des jumeaux) les différences de stimuli de l'environnement peuvent amener les individus à être différents. Il n'y a que dans le cas d'un clonage contrôlé (a priori) que l'on pourrait éventuellement obtenir des êtres identiques à la naissance. Ils ne le resteraient cependant que si les conditions étaient rigoureusement les mêmes pour les deux dans le temps, ce qui est en réalité impossible à contrôler étant donné les multiples interactions complexes dont sont capables les êtres vivants.

Il serait réducteur, une fois de plus d'opposer en une dichotomie bien trop habituelle, les platoniciens et les nominalistes. Les catégories générales sont désignées par des termes qui représentent une certaine réalité. L'erreur nominaliste consiste à faire croire que la catégorie n'est qu'une représentation abstraite. La variété serait alors regroupée dans un sac par commodité et portant le nom que l'on veut bien lui donner. Face à ça, les platoniciens croiraient au contraire que ces catégories existent bel et bien dans l'absolu.

Nous avons vu que certaines catégories n'ont qu'une existence relative. La catégorie «cheval» se différencie de la catégorie «poney», de sorte que l'on pourrait dire que «cheval» ou «poney» sont des étiquettes, mais que seule la réalité de l'individu cheval ou poney existe. Or c'est faux. Il existe bel et bien une entité que l'on nomme «cheval» (comme les nominalistes) mais qui est multiple parce qu'elle regroupe tous les chevaux, c'est à dire toute la variabilité des chevaux. Et quelle que soit la limite entre cheval et poney peu importe en réalité, ce n'est qu'un problème d'appellation, et la limite est due à notre langage. L'entité biologique qui regroupe les poneys et les chevaux existe dans la mesure où les uns et les autres ont la possibilité de se reproduire entre eux par exemple. De fait, il existe là encore un continuum entre les plus petits poneys qui ne sont probablement pas en mesure de se reproduire avec les plus grands chevaux. Mais c'est une entité floue parce que ses contours ne sont pas nets. C'est ce qui semble le plus gênant pour le scientifique platonicien ou le logicien peut-être.

Toute la diversité se trouve en réalité entre les deux extrêmes simplificateurs que sont l'idéalisme d'un côté et le nominalisme de l'autre. C'est la pensée populationnelle. Mais elle est difficile à intégrer pour un monde trop formaliste. Tout ceci pourrait démontrer qu'il existe une forte tendance de l'esprit à considérer le pic de Mayr, le prototype, comme représentatif de la catégorie, de l'ensemble. Et c'est là qu'est l'erreur de réification dont parle Gould et à laquelle Mayr souhaitait substituer une pensée populationnelle. Force est de constater que cette pensée populationnelle n'est toujours pas intégrée et que le mode platonicien reste dominant.

Le principal danger de la réification c'est que la variation ou la variabilité est «réduite» à une mesure de probabilité ou de statistique, un coefficient de corrélation ou un mode. La tendance «mathématisante» de la science a pour effet risqué de conduire à cette erreur d'interprétation du réel, réduit à une mesure. Or dans nombre d'études sur l'adaptation ou sur l'écologie comportementale par exemple, c'est sur quelques calculs de probabilités et de coefficients de corrélation que l'on base toutes les interprétations, réduisant ainsi la variation à un modèle un peu figé, un peu trop géométrique, bref un peu trop voisin de l'essence platonicienne.

D'aucuns diront que le projet scientifique lui-même nécessite, sur un plan heuristique au moins, de pouvoir manipuler des concepts, des modèles. Certes, mais pas au détriment d'une vision de la réalité dans sa variabilité. Le rasoir d'Occam est valable s'il est bien manipulé, sans quoi il risque de trancher net une partie de la réalité étudiée. «Le rasoir d'Occam, lorsqu'il est appliqué légitimement, est donc un principe de logique se rapportant à la complexité d'un raisonnement, et ne concerne nullement le monde matériel:

il ne stipule pas que la nature doit nécessairement être la plus simple possible»[331] et elle ne l'est d'ailleurs pas.

7.3 Fondation de l'homme, hominisation

L'analyse du phénomène humain ne peut se faire qu'à partir de la reconnaissance d'une entité humaine. Cette entité peut se concevoir selon la dimension spatiale du phénomène et la définition même de l'homme ou de l'humain, et puis selon la dimension temporelle à travers la connaissance d'une hominisation.

S.J. Gould décrit deux stratégies visant à tenter de comprendre «la place de l'homme dans la nature»:
* La première consiste à créer la rupture entre l'homme et le reste du monde animal, quelques soient les critères retenus pour marquer cette rupture: anatomiques (gros cerveau, bipédie...), sociologiques ou culturels.
* La seconde invalide toute tentative de démarcation entre l'homme et le reste du monde animal selon deux points de vue diamétralement opposés:
** Le zoocentrisme qui considère l'homme comme n'importe quel autre animal et tend systématiquement à lisser les caractéristiques humaines pour les ramener au même niveau que celles des animaux non-humains.
** L'anthropocentrisme qui au contraire prend au sérieux l'affirmation de Protagoras «l'homme est la mesure de toutes choses» et considère que notre espèce est un aboutissement évolutif.

---

[331]Gould (ed. 2006) La structure de la théorie de l'évolution. NRF Essais, Gallimard, p767.

Les systèmes anthropocentriques sont clairement téléologiques, religieux ou pas. La stratégie de rupture représente pour nous ce qu'Eliade[332] décrit par «acte fondateur» permettant la constitution du monde humain, basée sur un point fixe, une définition, un lieu, une origine. La notion de berceau de l'humanité fixe un point de l'espace et du temps à la fondation d'un nouveau genre, le genre humain (quelques soient les espèces). C'est grâce à l'établissement d'un point d'origine que peut s'élaborer une «cosmo-anthropologie», la création d'un monde humain. Cette fondation éloigne l'homme du chaos zoologique, primatologique, de l'homogénéité écologique africaine tropicale. La rupture se fait grâce à l'établissement dans la savane et les milieux ouverts, l'apparition d'une nouvelle adaptation. Misia Landau[333] a très bien décrit les structures narratives des scénarii évolutifs.

Par l'acte de fondation, l'humain s'individualise, s'émancipe du chaos originel et de la «nature». Eliade dit que «Quel que soit le degré de désacralisation du Monde auquel il est arrivé, l'homme qui a opté pour la vie profane ne réussit pas à abolir le comportement religieux».[334] La tentative de définition scientifique de l'homme dans le temps et l'espace, la définition de l'espèce constitue une rupture dans la continuité évolutive.
La communauté paléoanthropologique possède ce comportement «crypto-religieux», dans le fait qu'elle réactualise très régulièrement cette cosmogonie humaine, «anthropogonie». Presque chaque chercheur possède sa propre phylogénie et son scénario évolutif. Chaque nouvelle découverte doit trouver une place dans le schéma établi, ou

---

[332] Eliade Le sacré et le profane.
[333] Landau
[334] Eliade. p.27

bien le renverser pour mieux le refonder mais le scénario lui-même ne change guère, seuls les acteurs, les lieux (à petite échelle) changent. L'hominisation est bien souvent une manifestation de cette anthropogonie.

Chez les évolutionnistes existe aussi la tendance frappante qui consiste à couronner sa carrière par l'écriture d'un manuel ou d'un essai qui retracera globalement toute l'histoire évolutive, sans que, bien généralement, soit changé quoi que ce soit à cette histoire par rapport aux autres manuels. Mais il y a acte de refondation, de réactualisation de la cosmogonie ou de l'anthropogonie (ou peut-être aussi de l'anthropogénie de Haeckel?) qui devient rituelle et joue un rôle important dans l'ordre universitaire et les traditions d'enseignement.
En dehors des livres sur l'évolution et en particulier sur l'évolution humaine qui sont très prisés du grand public, les conférences jouent également un rôle important dans notre société moderne en rejouant l'anthropogenèse. Cette récitation rituelle implique la réactualisation de l'événement primordial; «celui pour qui on le récite est magiquement projeté au «commencement du Monde», il devient contemporain de la cosmogonie. Il s'agit pour lui d'un retour au Temps de l'origine.»[335] Cette réactualisation du mythe des origines possède un effet bénéfique et thérapeutique probable sur une société en quête d'identité. La théorie de l'évolution -et là encore le phénomène est particulièrement saisissant en évolution humaine- encore très baignée par l'échelle des êtres, rappelle en cela les rites d'ascension.

Cessons-là l'analogie mythique et ne retenons que la mise en garde contre les structures narratives trop proches des

---

[335] Eliade. p.65

fabulae d'Umberto Eco.[336] Car parfois la communauté scientifique doit encore se détacher des véritables mythes dont la persistance témoigne de la profondeur de leur empreinte sur les consciences. Les croyances selon lesquelles le genre humain serait né des eaux, les hylogénies, ont développé un avatar scientifique avec la théorie de la bipédie initiale et le singe aquatique.

7.4 Critique des stratégies de rupture

Depuis Aristote au moins, la science a permis une forme de désacralisation de l'homme par rapport aux animaux. Les effets de la recherche scientifique ont permis petit à petit le décentrement de l'homme. Pourtant en «rapprochant» l'homme du reste des êtres vivants, certains ont toujours peur que cela ne lui ôte ce qui le rend remarquable et unique. Les stratégies de ruptures sont là pour tenter de mettre une barrière nette entre l'homme et le reste du vivant. Diverses caractéristiques ont été mises en avant tour à tour: l'intelligence, la bipédie, les outils, la société... le rire. Rares sont les barrières qui résistent à l'analyse.
Une tentative récente[337] s'est basée sur la notion de société. Selon l'auteur,

> «la notion de «société» est nécessairement anthropologique: il n'existe de «société» qu'à la condition que celle-ci puisse être conçue dans l'esprit des membres qui la composent et qu'ils admettent l'existence de faits sociaux indépendants de leur conscience individuelle. Or, les animaux sont non

---
[336]Eco Lector in Fabula.
[337]Ruelland (2004) L'empire des gènes. Histoire de la sociobiologie. ENS Editions, 325p.

seulement incapables de concevoir la société dans laquelle ils évoluent mais ils n'ont pas conscience de leur individualité propre. Il ne peut donc exister de «sociétés animales», mais seulement des collectivités, des troupes, des troupeaux ou des groupements d'animaux – dans lesquels les éthologues reconnaissent des règles de comportement qu'ils associent métaphoriquement, pour mieux les saisir, aux règles correspondantes du comportement social humain.»

En une fois, tous les travaux récents ne pas considérés ou sont laissés au rang de la métaphore. Quelles sont les preuves qui démontrent que «les animaux» n'ont pas conscience de leur individualité ou sont incapables de concevoir leur propre société? De nombreux travaux de primatologie pourraient tout aussi bien démontrer le contraire. C'est avec ce genre de travaux que l'on peut apprécier les conséquences de l'essentialisme: «Même une étude comme celle de Lawick-Goodall est loin de dévoiler la nature essentielle de l'homme.» nous précise l'auteur. L'ouvrage se veut être une critique de la sociobiologie appliquée à l'homme, mais ce type de critique est tout aussi dangereux que la sociobiologie elle-même. On peut relever de manière très symptomatique et significative deux tendances classiques chez l'auteur: d'une part un systémisme contraignant et d'autre part un essentialisme d'un autre temps.

L'interprétation erronée des phénomènes est liée au systémisme, qui est probablement un défaut général des historiens et de la critique de l'analogie. Ils ont raison d'insister sur le fait que l'analogie doit être évaluée pour ce qu'elle est vraiment et que la relation analogique entre X et Y n'implique pas que X soit Y. De même que la corrélation statistique la plus forte n'entraîne pas une relation de cause à effet. Mais à trop vouloir différencier les phénomènes, on en arrive à une extrémité qui consiste à ne rien vouloir comparer parce que les choses sont toujours différentes, dans une forme de relativisme qui ne permet même plus de se poser des questions puisque la comparaison ne peut rester qu'à l'état «métaphorique».

Ce type de raisonnement met en évidence deux points essentiels :
* D'une part la crainte de l'analogie n'autorise plus que des objets séparés. Aucun élément ne peut être tiré de son contexte parce que l'ensemble forme système, et comme la complexité des contextes ne permet pas que deux événements soient strictement identiques, comme par un effet de la sensibilité aux conditions initiales, aucune comparaison n'est valable. On ne compare pas l'homme à son «voisin» (guillemets de l'auteur), le chimpanzé, parce que ce sont des systèmes trop différents. Comme on ne compare pas non plus deux sociétés humaines entre elles pour le même phénomène puisque les cultures sont trop différentes. On arrive à ne pas devoir discuter avec son frère puisqu'il n'a pas la même histoire et le même système de pensée. Tout au plus laissera-t-on les jumeaux échanger leurs points de vues qui peut-être seront les mêmes (et encore...) tant que leur histoire sera commune. Ce raisonnement volontairement caricaturé met en évidence les limites de la pensée contre l'analogie.
* D'autre part, existe un biais de raisonnement lorsque l'on compare l'homme aux animaux parce qu'ainsi tous les autres animaux (non-humains donc) sont rangés dans le même sac. Or en tant qu'historien, l'auteur devrait tenir compte de l'histoire des groupes, des phyla. A moins que, comme à considérer qu'il n'y a de société qu'humaine, il n'y a également d'histoire qu'humaine? L'histoire des taxons n'est alors qu'une métaphore elle aussi puisqu'aucune espèce non-

humaine n'a de conscience de sa propre histoire et n'a pu l'écrire. Ce type de raisonnement a été balayé par l'anthropologie contre les visions historicistes comme celle de Hegel. Certaines sociétés humaines auraient été en dehors de l'histoire. Aujourd'hui la réflexion doit porter sur d'autres types de sociétés, les sociétés animales.

La pensée essentialiste ne permet de se représenter le monde qu'à travers des catégories, qui ne sont dès lors plus uniquement des outils de travail scientifique pour tenter de se repérer dans l'immensité, mais des choses en soi. C'est la réification. Le langage commun crée artificiellement de telles catégories, pour autant elles n'ont rien de scientifique. Que signifie «les animaux»? Est-il réellement possible de comparer d'un côté l'homme et de l'autre les animaux ?
L'ensemble des animaux est bien trop vaste pour être jugé sur cette simple appartenance catégorique. Les différences sont bien plus grandes entre la fourmi et le chimpanzé, qu'entre le chimpanzé et l'homme. Et même plus puisque des travaux récents[338] ont établi que le chimpanzé est plus proche de l'homme que du gorille sur la base de travaux moléculaires.
Et lorsque l'auteur dit que les différences entre l'homme et les animaux sont plus importantes que leurs ressemblances, de quoi parle-t-il? Il existe bien trop de disparités dans les comportements, les fonctionnements, l'écologie, entre les groupes animaux pour les comparer en une seule fois, une seule catégorie, à l'homme. Comparons ce qui est comparable c'est cela la vraie crainte de l'analogie! Car cette fois l'auteur oubli sa critique de l'analogie en rendant

---

[338]Fabre, Rodrigues & Douzery (2009) Patterns of macroevolution among Primates inferred from a supermatrix of mitochondrial and nuclear DNA. Molecular Phylogenetics and Evolution, 53, 3, pp. 808-825.

tous les animaux analogues entre eux par rapport à l'homme, ce qui est pour le moins totalement faux. Nous partageons 99% de nos gènes avec le chimpanzé, pas avec la fourmi.

Donc la sociobiologie fait l'erreur grossière de comparer l'incomparable et en cela Ruelland a raison d'invoquer la critique de l'analogie, en revanche lui-même compare l'incomparable au sein même de ce qu'il appelle les animaux pour mieux les différencier de l'homme. C'est donc bien une stratégie de rupture. Cette stratégie de rupture est celle qui considère d'un côté l'homme, être social et libre et de l'autre côté les animaux commandés par leurs gènes, selon le schéma que l'on dit cartésien de l'animal-machine.

7.5 La faute de Descartes?

La tradition française tend à attribuer l'origine des fondements de la science moderne à Descartes. Selon Deschamps, cela semble relever d'une tradition détestable, d'une forme «puérile» d'héroïsme scientifique, que de vouloir toujours rechercher les «grandes découvertes» et les «grands hommes». Comme il le dit lui-même, «on peut faire dire beaucoup de choses à Descartes», mais cela serait tout aussi valable pour Darwin. Ce besoin de se raccrocher à «un grand ancien» doit avoir un aspect psychologique rassurant, de l'ordre de la quête du père, mais a surtout un effet assez néfaste dans la mesure où il tend à attribuer bien plus à des auteurs que ce qu'ils ont réellement apporté, ou à leur faire dire bien plus que ce qu'ils ont dit en réalité. Les continuateurs de Descartes sont allés beaucoup plus loin dans le cartésianisme que Descartes lui-même, bien que

Descartes puisse être considéré comme dogmatique déjà dans sa pensée.

C'est avec Descartes que se consolide «scientifiquement» la tradition de pensée d'une séparation de l'âme et du corps, qui nous conduit directement à la séparation entre le monde humain d'un côté et le monde animal de l'autre, la dichotomie nature culture. Ce dualisme cartésien est à mettre sur le compte de sa recherche d'absolu, d'une mathématique universelle, d'une géométrisation. Descartes porte en lui le désir absolu de la vérité. Sa pensée mathématique, géométrique l'a conduit au mode essentialiste de perception du monde à moins que ce ne soit l'inverse, peu importe en réalité. Et c'est pourtant de Descartes que se réclame la Science, la science française en tous cas, parce qu'il semblerait tout de même que l'esprit héroïque étant plus ou moins universel, d'autres traditions dans d'autres pays d'Europe déjà ne lui en attribuent pas autant que nous français, les anglais ayant eu tendance à faire la même chose pour Bacon.[339]

La tradition scientifique française s'appuie donc pour une bonne part sur Descartes, qui raisonne selon le mode essentialiste, géométrique. Ceci n'est pas sans rapport avec la prétendue spécificité ontologique de l'homme dont parle Joulian, c'est même typiquement cet état d'esprit «scientifique» essentialiste qui conduit à envisager la dichotomie nature culture, à créer de toutes pièces des dualismes là où il ne devrait pas y en avoir si l'on n'avait cette fâcheuse tendance à vouloir poser une grille d'analyse trop rigide sur un monde continu.

---

[339]http://cst.univ-pau.fr/live/ressources/mediatheque/jean_deschamps

Pourtant Descartes dans son dogmatisme ne cautionne pas le projet global de la recherche scientifique actuelle dans son «analytisme» et sa spécialisation. Si Descartes a effectivement dit qu'il était nécessaire à l'homme de science de découper l'objet d'étude en ses différentes parties pour mieux en comprendre la composition et le fonctionnement, il a également dit – mais cela on l'a oublié depuis – qu'il fallait ensuite procéder à la recomposition de l'objet afin de comprendre les interactions entre les différentes parties dont il est composé. Pour lui, l'objet est un tout, qu'il faut découper par commodité, pour les besoins de l'étude, parce qu'il faut procéder par ordre et avec méthode. Mais l'analyse n'en est qu'une partie et Descartes ne cautionne en aucun cas le découpage disciplinaire actuel de la recherche scientifique. Car pour lui l'homme de science se doit de connaître toutes les sciences pour justement pouvoir comprendre les différents aspects de l'objet lors du «remontage» intellectuel des parties séparées. Cet aspect-là, la science moderne -qui se targue d'être cartésienne- l'a totalement oublié. Le projet cartésien ne correspond donc pas à ce que la recherche actuelle est devenue. Descartes aurait cautionné la «réunification des savoirs». Si d'un côté l'esprit essentialiste de Descartes a conduit à bon nombre d'erreurs d'interprétation et de constructions intellectuelles encore actuellement, le projet scientifique de Descartes a été partiellement oublié, au profit d'un squelette analytique qui est devenu un but en soi.

7.6 La causalité et le rôle de l'histoire: le problème du raisonnement a posteriori.

Lancez trente fois une pièce de monnaie et notez les résultats obtenus en pile ou face. Demandez-vous ensuite quelle est la probabilité d'obtenir un tel tirage au hasard. Une chance sur deux à la puissance trente, soit une chance sur un milliard environ, quel que soit le résultat. Ce résultat paraît très faible mais tous les lancers réalisables ont cette même probabilité de sortir. La série réalisée (celle que vous avez notée) n'est pourtant qu'une série parmi tant d'autres. Il s'agit donc d'un résultat banal. La reconstitution de la suite des événements historiques a posteriori peut amener à considérer que celle-ci suit une logique, une tendance, qu'elle est orientée, qu'elle a un sens. Le résultat de cette suite peut alors être pensé comme un aboutissement, une finalité. Or il n'est que le résultat d'une suite de tirages aléatoires. Il faut donc se méfier des raisonnements a posteriori parce qu'ils peuvent mettre du sens là où il n'y a que de la contingence. L'histoire est cette suite événementielle reconstituée dans le temps.

Il y a selon nous une différence entre des enchaînements d'événements «mécaniques» ou «nécessaires» (d'après Aristote) qui relèvent de ce que Mayr dénomme processus téléomatiques et les raisons de ces enchaînements. Pour reprendre l'exemple de la pierre qui tombe de Mayr[340], celle-ci tombe selon les lois de la gravitation. Il n'y a pas de but.

Est-ce à la question «pourquoi elle tombe?» que renvoie cette réponse? Ne serait-ce pas plutôt au «comment elle

---

[340] Mayr E. (1989) Histoire de la biologie. Diversité, évolution et hérédité, T1: des origines à Darwin. LP références, p 82.

tombe?» Traditionnellement comme l'a résumé Cuénot: «En gros, on peut dire que le fait d'une existence donnée et les conditions de l'existence (le «comment») sont du domaine scientifique, tandis que les raisons de l'existence (le «pourquoi») relèvent de la métaphysique.» Si le langage courant mélange souvent ces deux aspects, ils ont pourtant une nature bien différente au fond. Le fait que la pierre tombe en réalité ne répond pas à la question pourquoi, qui est la véritable question causale. La réponse pourrait être: parce qu'on l'a poussée; ce qui ne relève pas forcément d'une volonté, d'un processus intentionnel qui lui, pourrait se rapporter à une cause finale car la pierre a pu être mise en mouvement par un enchaînement d'événements. Prenons un exemple: un randonneur a dérapé, ce qui crée un éboulement qui a résulté en la chute de la pierre la plus au bord du précipice. Il n'y a aucune intentionnalité. C'est un «hasard» déterminé par une suite événementielle.

Mayr dit que «les lois de la gravitation et les lois de la thermodynamique sont parmi les lois naturelles qui, le plus fréquemment, gouvernent les processus téléomatiques.»[341]

Peut-on généraliser toutes les lois de la physique, de la chimie, de la biologie à cet ensemble de causes proximales, quasi «mécaniques» au sens large du terme. Si l'ensemble des lois naturelles -dont la mise à jour est l'essence même de la recherche scientifique- répond à ces questions du «comment», alors la causalité vraie, le «pourquoi», sort du champ d'investigation de la science. Car comme nous venons de la voir, il existe une catégorie de causes qui relève de l'enchaînement causal, série déterministe, mais relevant de l'histoire. Cette même histoire n'est pas forcément intentionnelle, elle peut être décrite par un

---

[341] Mayr E. (1989) Histoire de la biologie. Diversité, évolution et hérédité, T1: des origines à Darwin. LP références, p 81.

enchaînement fortuit; ce sont bien là les processus téléomatiques de Mayr. Cela n'en détermine pas moins une série causale historique qui elle est contingente et explicable, donc relevant d'une rationalité. Cette série historique est-elle scientifique? Peu importe que l'on considère académiquement que cette série causale appartienne à la science ou à l'histoire, elle relève de la raison objective. La notion d'histoire naturelle reprend alors toute sa valeur et les méthodes mises en œuvre pour l'éclairer n'en sont pas moins scientifiques.

Reste à savoir si l'on veut réduire l'activité scientifique à la recherche de ces constantes physiques partout présentes mais qui n'expliquent rien quant aux véritables causes des événements. Il s'agit bien de définir ici le projet scientifique.

Le problème «essentiel» de la réification a été particulièrement bien mis en évidence par Gould,[342] dans sa critique ciselée de l'interprétation des calculs de probabilités et particulièrement de l'analyse en composantes principales. La recherche de la composante principale d'une cause d'un phénomène a toujours à voir avec une recherche obscure du facteur unique, ce qui n'est pas sans rapport avec la pensée essentialiste. Alors que l'analyse elle-même est censée révéler les principales composantes causales, force est de constater que c'est souvent la principale qui ressort comme la «vedette» et que les causes «secondaires» sont plus ou moins effacées par cette cause «première». C'est une véritable quête de l'ultime qui va à l'encontre du principe même de l'analyse qui est fondamentalement pluraliste. L'interprétation déformante des résultats amène au détournement de cet outil mathématique au service de la

---

[342] Gould (ed.1997) La malmesure de l'homme. Odile Jacob, 468p.

variabilité vers une pensée essentialiste. Derrière les corrélations statistiques il doit y avoir des significations biologiques sans quoi l'analyse reste du domaine du jeu mathématique.

Prenons l'exemple du moteur. On trouvera une forte corrélation entre le volume du carburateur, le nombre de tours du moteur, le nombre de pistons, et le volume du filtre à air. Quelle donnée parmi ces quatre explique-t-elle le mieux la vitesse du véhicule? Ou simplement le fait que le moteur tourne? La question peut être considérée comme légitime parce qu'il existe un lien de corrélation entre ces différents paramètres. Or la réponse est: aucune sans les autres. Il n'y a pas de possibilité d'analyser le moteur en fonction en séparant les pièces. L'analyse au sens cartésien permet de séparer les éléments pour mieux les discerner mais avant tout comme éléments du plan général de construction, un simple assemblage de pièces. C'est le principe même du pluralisme causal. On peut éventuellement considérer que si l'analyse présente une composante principale comme expliquant 90% du phénomène, elle puisse être considérée comme «essentielle» et c'est une fois de plus une question de limites que celle de la détermination du seuil nécessaire et suffisant pour une telle interprétation.

La propriété du moteur qui est celle de fonctionner, propriété émergente, n'est pas réductible à l'addition des propriétés de chacune des pièces. C'est dans l'interaction de ces pièces et selon un ordre de montage particulier que l'ensemble fonctionne (en effet si l'on intervertit deux pièces, rien ne fonctionne plus). Il n'est donc pas utile de se demander quelle est la pièce la plus importante. Même la petite vis de ralenti est indispensable à l'ensemble.

Décomposer un système permet donc de comprendre quelles en sont les parties et quel rôle celles-ci jouent dans le fonctionnement de l'ensemble mais en aucun cas une pièce, ou un élément seul ne peut expliquer le tout. Trouver des causes uniques pour expliquer un ensemble est donc très risqué. Il faut ensuite procéder au remontage comme l'a préconisé Descartes.

Les explications adaptationnistes pourtant tentent bel et bien de trouver des causes uniques. Le problème vient très probablement de la manière temporelle de penser la causalité chez les scientifiques et techniciens: une cause produit un effet, la cause précède l'effet sur une flèche temporelle, axe unique.

Cause → Effet

Alors qu'il faudrait plutôt envisager la causalité en dehors du cadre temporel, comme ceci :

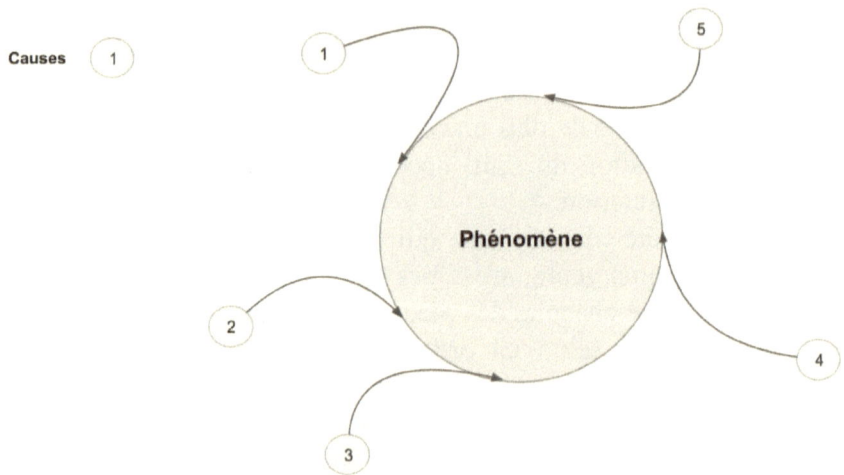

Il existe une multitude de causes agissant de manière simultanée et permanentes. C'est à l'ensemble de ces causes qu'il faut rapporter le phénomène. Comment disloquer l'ensemble? Qui pourrait dire si la cause 1 est plus «responsable» du phénomène que la cause 2 ou 3?

Un exemple particulièrement parlant du problème de la causalité dans l'évolution est celui de l'origine des plumes chez les théropodes du Crétacé et de l'origine du vol. Les plumes étaient présentes bien avant l'apparition du vol, on en a trouvé chez les maniraptoriens. La raison de leur apparition reste mystérieuse. «Quelle était leur fonction d'origine: protégeaient-elles les animaux contre le froid? Etaient-elles déployées lors des parades?»[343] On cherche une utilité, une cause unique. La recherche adaptationniste tente toujours de trouver la véritable cause des phénomènes. Pourquoi un tel monisme? Le canon de Morgan ou le rasoir d'Occam sont-ils si impérieux qu'il faille en oublier le pluralisme? Si un caractère apparaît dans une lignée, par hasard darwinien au départ, puis est maintenu par sélection parce qu'avantageux, faut-il que cet avantage soit forcément unique? C'est très réducteur et probablement peu réaliste. Un caractère comme les plumes peut avoir différents «usages» et se maintenir parce que l'ensemble de ces usages -la résultante en quelque sorte- est profitable à l'individu. Les plumes sont très probablement un avantage pour la thermorégulation de l'individu, mais également pour le maintien d'une température suffisante de la couvée. Selon la couleur qu'elles ont, elles peuvent aussi jouer un rôle dans le camouflage ou dans la reproduction. Aucune de ces hypothèses n'est exclusive. C'est le pluralisme des causes qui donne un avantage au caractère. S'il est compatible avec la survie de l'individu ou si au mieux il la favorise alors il a de fortes chances de se maintenir par sélection. Il n'est pas plus scientifique de dire qu'il n'y a qu'une seule et unique

---

[343] Padian & Chiappe (1998) L'origine des oiseaux et de leur vol. PLS, 246, pp. 30-39.

cause, cela n'a pas plus de sens. Dans la continuité, l'origine du vol pose le même genre de problèmes:

> «On a d'abord pensé que des théropodes avaient commencé à voler parce que, montant aux arbres, ils en redescendaient en planant, grâce à des ébauches de plumes. (...) Une autre hypothèse a été proposée: les petits dinosaures qui couraient sur le sol auraient étendu leurs bras pour maintenir leur équilibre quand ils bondissaient dans les airs à la poursuite d'un insecte ou devant un prédateur.»[344]

La présence de plumes ne peut-elle constituer un avantage dans diverses situations de sustentation dans l'air? L'apparition du vol et la sélection des avantages sustentatoires peut avoir des causes multiples et complémentaires. C'est la résultante des usages et donc des scenarii associés qui est sélectionnée en favorisant la survie de l'individu.
On notera au passage (comme d'ailleurs pour l'explication de la bipédie chez l'homme) que l'on en vient à écrire des scenarii d'obédience lamarckienne: à force de bondir ils ont fini par voler, à force de regarder par-dessus les hautes herbes ils ont fini par marcher.

Pour intégrer totalement un mode de pensée populationnelle plus proche de la réalité, il faut se départir de cette fâcheuse tendance réductrice, schématique du type une cause > une conséquence. C'est une caricature de la causalité. La causalité est en fait révélée par la corrélation des facteurs. On pourrait prendre le modèle de la structure pour décrire la causalité complexe, multiple. Multiple par sa pluralité, complexe par son mode interactif constitutionnel. A l'image

---

[344]Idem.

de la molécule, la structure causale possède une configuration active. La modification de cette configuration peut entraîner la désactivation, rendre la cause inopérante ou conduire à une nouvelle série de conséquences. La modification d'un élément dans la structure peut entraîner la modification de l'ensemble de la structure et avoir des conséquences totalement imprévisibles du fait de la modification des interactions au sein de la structure et des propriétés qui en découlent. Cependant il est impossible de déterminer les propriétés à partir de la nature des éléments constitutifs, puisque seule la connaissance de l'ensemble des interactions entre tous les éléments pourrait le permettre.

Si la logique veut atteindre à des réductions extrêmes l'explication causale, par facilité, ou soucis de clarté, elle perd alors toute notion de réel. Prenons l'exemple de la «respirabilité» de l'air: qu'est-ce qui rend l'air respirable? Si l'on est à la recherche de la cause ultime, la tendance dira que c'est grâce à l'oxygène que nous pouvons respirer. Ce qui est faux. On pourra arguer qu'il s'agit d'une manière de parler, d'un raccourci, certes mais elle est terriblement déformante. En effet pouvons-nous respirer de l'oxygène pur? Pas longtemps en tous cas. C'est le mélange gazeux qui importe en réalité et là est la pluralité de la cause; ce qui importe en réalité ce sont les proportions de ce mélange et là est la complexité. Une modification de quelques pourcents pourrait avoir des conséquences graves pour les humains que nous sommes. Encore une fois c'est la conjonction des éléments au sein de la structure qui rend compte de la causalité. Le plus petit élément peut être indispensable au fonctionnement global.

A ce point, certains objecterons que c'est la problématique qui est fausse, que la question ne peut pas se poser scientifiquement en ces termes. Pourtant que font les scientifiques lorsqu'ils tentent de déterminer les causes de la bipédie humaine? Comment envisage-t-on le «passage» de l'arboricolisme à la terrestrialité? L'humanisation, ou l'hominisation est-elle plutôt due à la croissance d'un gros cerveau, à la marche bipède ou à la fabrication d'outils? Ce genre de questionnement scientifique abonde dans la littérature. La recherche des causes «essentielles» est partout présente. Quelles sont les causes du changement climatique? La destruction de la couche d'ozone a été plus à la mode qu'aujourd'hui, le taux de CO^2 atmosphérique a pris sa place en tant que responsable. La recherche des causes pour les phénomènes complexes ne se satisfait pas d'un ensemble de causes. Il faut pouvoir désigner un coupable et un seul. Les sciences qui peuvent se permettre cela bénéficient aujourd'hui d'un soutien plus important. La cause unique possède un effet rassurant sur la société qui se trouve confortée dans son désir de maîtrise des éléments. C'est la logique de la raison techniciste. C'est également la logique d'une société du droit, de la législation et de la désignation des responsables, des coupables.

Est-ce à dire que seules les problématiques posées sur des causalités uniques sont scientifiquement acceptables? Que les sciences «molles» parce qu'elles font souvent appel à des causalités multiples sont moins scientifiques? Nous aurions tendance à dire qu'au contraire c'est le réductionnisme qui est une caricature de la science.

www.ingramcontent.com/pod-product-compliance
Lightning Source LLC
Chambersburg PA
CBHW031617210526
45464CB00004B/1618